Design and Hand-drawing Series

设计与手绘丛书

服装效果图表现与解读

孙 戈 汤惟琼 编著

手绘·意
Hand-drawing

辽宁美术出版社

图书在版编目（ＣＩＰ）数据

服装效果图表现与解读／孙戈等编著． —— 沈阳：
辽宁美术出版社，2014.5(2014.12重印)
　（设计与手绘丛书）
　ISBN 978-7-5314-6026-8

　Ⅰ．①服… Ⅱ．①孙… Ⅲ．①服装设计－效果图－绘
画技法 Ⅳ．①TS941.28

中国版本图书馆CIP数据核字(2014)第083521号

出　版　者：辽宁美术出版社
地　　　址：沈阳市和平区民族北街29号　邮编：110001
发　行　者：辽宁美术出版社
印　刷　者：沈阳华厦印刷有限公司
开　　　本：889mm×1194mm　1/16
印　　　张：8.5
字　　　数：200千字
出版时间：2014年5月第1版
印刷时间：2014年12月第2次印刷
责任编辑：郭　丹
封面设计：范文南　洪小冬
版式设计：洪小冬　王　楠
技术编辑：鲁　浪
责任校对：李　昂
ISBN 978-7-5314-6026-8
定　　　价：64.00元

邮购部电话：024-83833008
E-mail:lnmscbs@163.com
http://www.lnmscbs.com
图书如有印装质量问题请与出版部联系调换
出版部电话：024-23835227

前　言

　　目前，服装效果图技法类的教材种类繁多，其中介绍的表现形式多种多样，既可手绘也可通过电脑软件来完成。一些初学者由于绘画的造型能力较弱，往往通过手绘与电脑软件结合的方法来弥补自己造型能力的不足，以达到应用的目的。所以就服装效果图表现而言，只要方法正确，采用严谨、简洁、实际的绘画语言，经过刻苦的技法训练，就能够表现出服装款式的造型效果。

　　服装效果图的一个最主要的功能就是通过绘画的形式，把设计构思清楚地传达给别人（如设计助理、打版师、工艺师及公司策划、营销人员等），使之体现设计师在表达理念、风格、流行、色彩、造型及用料等方面的设计信息，当设计的款式准备制作时，如何利用服装效果图读懂设计师的意图，解读设计信息在制作成衣过程中尤为关键。因此，我们所表现的服装效果图是通过图来解决做的问题，而不是解决画的问题；那么，如何解决做的问题，解读图的信息才是关键。

　　通过长期以来的专业教学及服装产品设计的实践，我们深感此环节的重要性，本书突出服装效果图的应用性的特点，意在架起一座桥梁，将服装设计师、打版师、工艺师紧密地配合起来，让更多的初学者通过对《服装效果图表现与解读》的学习与认识，达到以指导成衣生产为目的的作用，并通过每一章的学习，使学生对本书内容的概览与要求一目了然；并根据自身的实际情况，量身定制训练目标，进而缩短训练过程，以达到最好的学习效果。

　　此书编著的初衷及定位旨为解决专业学生及职业设计师，在从事品牌服装设计及解读设计意图的实践应用环节中所用。另外，书中还收集了许多在校师生的服装效果图作品，在向他们表示感谢的同时，还期待广大的读者及业内专家对该书的偏颇及不足之处给予指正。

目 录

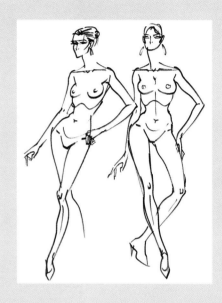

学前导读

在本书的每个章节中，分别有五项附加信息：

1.范例：每章节中选择一些效果图进行剖析，让读者通过讲解了解每个阶段学习的目标。

2.解读：每章节中通过一些图片，让读者更好地了解一些专业基础知识。

3.技巧：每章节中通过一些技法训练，把技法表现中关键的细节及材料的特性、效果加以注释。

4.点评：每章节中通过一些效果图习作，评点技法运用中色彩、造型及画面整体的表现效果。

5.赏析：每章节中通过一些优秀作品，进行分析研究，以便读者学习到不同的表现技巧与风格。

范例的标注	**正文的内容**	**图片的标注**	**页码的标注**
每章节中选择一些效果图进行剖析，让读者通过讲解了解每个阶段学习的目标。	每章节文字的专业理论介绍及表现技法信息。	章节中选择一些时尚专业图片介绍给读者，以便学习参考。	每两页在书的右上角有页码标注，以便读者查寻阅读。

第二章　服装效果图的基础理论

1. 服装效果图的概念

服装效果图是将服装设计构思内容用概括的、快速的绘画形式来表现的，通常注重刻画服装造型、结构、材料及人物着装后的整体效果。

服装效果图多为线条勾画，旁边贴有面料小样并配有文字说明，它常常是将设计师构思中的漂浮不定、转瞬即逝的设计概念及服装的色、型、质的设计思路，用较为感性的绘画语言描绘下来。对于广大的从业人员来说，服装效果图是一种直观而有效的方法。

那么，如何绘制服装效果图呢？

服装效果图在表达设计构思时，不仅要对服装外形及细节进行精心的推敲，而且要从服装的功能、色彩、构造、材料、缝制工艺、市场定位、流行的环境区域等诸多方面进行全方位的把握。服装效果图为了把设计构思表达清楚，常常需要画出服装的前、后、侧款式造型，一些需要特别交代的细部结构与工艺必须表现得非常清楚。因此，多角度地分析推敲设计方案，使其趋于完整性，是服装效果图最重要的意义所在。

在效果图的前期创作过程中，那些看似纷乱无序的思维点其实是非常宝贵的，正是这些放射性思维才能够派生出日后许多经典的设计。进而在绘画阶段，伴随着手、脑的协调运动，常常会迸发出更多的创意火花。因此，即使为同一市场目标进行设计，设计师往往也能拿出几个甚至十几个草图来。

范图的标注

章节中选择一些优秀国内外服装效果图作品介绍给读者，以便学习临摹。

思考与练习

每一章节的结束都有一些作业的具体要求，以便读者练习。

章节的标注

每一章节都有标题的提示，这样就可以让读者快速找到自己想要阅读的部分。

主题：玖庆《潮流时装设计——男士时装设计开发》

主题：低调《潮流时装设计——男士时装设计开发》

思考与练习

1. 通过市场调研，选择6～8款某商务男装品牌的成衣产品，经过对色、形、质及结构工艺的观察与研究，画出符合生产要求的款式图。

2. 模拟一时尚女装品牌，画出一组5套以上的女装系列彩色效果图，并附灵感源、主题、设计构思、面料小样以及服装款式图。

赏析 ↗

此幅系列服装设计的主题为《接天》，是作者1998年在香港理工大学学习时的设计作业。在效果图的表现中，人物性格突出，动态造型严谨，设色浓重统一，服装结构清晰明确，面料质感及图案纹样的细腻细致丰富，以写实的手法，较为准确地体现了主题的设计意境与创意理念。

主题：冰河世纪 作者：赵华志

矢島功　作品

第一章　导言与手绘工具

1. 课程的教学方案

1.1 课程的教学作用与目标

　　服装效果图技法是高等专业院校服装设计专业、服装设计与工程专业、时尚传媒专业、服装表演与营销专业主要的必修课程之一。是学习研究服装设计表现方法、表现技巧的一门技能性课程，其目的在于培养学生的设计意识和表现能力，使学生明确服装造型与人体的关系，掌握服装效果图的构思、技法、技巧、形式及服装配色与材料肌理等各种表现方法。作为今后要从事服装设计的学生，不仅要了解表现技法的相关知识，还要能够独立地完成体现设计意图及方便解读的服装效果图，更要熟练地掌握各种技法为实际设计项目服务。

　　此课程对学生掌握基本的表现技法、解读设计、深化设计，提高整体的设计表现能力具有极其重要的作用。因此长期以来受到专业院校师生和职业设计人员的重视，它是作为一名服装设计师表达自己设计语言最直接、最有效的方法，也是衡量其专业水平的依据。本书根据服装专业的教学大纲的要求，确定了该课程的教学目标，首先要从服装效果图的概念、基础理论的框架上全面地了解认识有关表现技法的相关知识，其次通过人体各部位的结构、动态造型与技法分析、步骤讲解、案例解读、作品赏析等内容，使学生能熟练地运用马克笔、水溶笔、色粉笔等基本材料进行服装效果图的绘制，同时加强设计概念分析与设计方案解读的能力，为全面提升专业表现技法的应用能力打下良好的基础。

1.2 课程的教学要求

　　为了使学生全面、深入地学习专业表现技法，本课程由基础理论、专业知识、专业技能、应用原理四部分组成。第一、二章为专业知识与概念、基础理论等内容组成，该部分使学生重点掌握服装设计与服装效果图的关系及基本理论，正确建立服装效果图的概念，理解服装效果图的功能、种类及学习服装效果图的基本方法，通过图例分析与手绘工具的介绍，从而增强学生对手绘工具的认识与了解；第三、四章为专业知识与专业技能等内容组成，该部分通过讲述人体与服装的关系，并针对人体结构、比例与动态造型及服装面料、款式廓形等内容的表现形式与基本规律的介绍，本章节必须进行大量的训练，以达到熟练掌握技法，完整准确地体现设计意图的目的，这样才能让学生掌握人体与服装的空间关系、透视比例及衣纹特征，提高学生对人体与服装造型的表现能力；第五章为应用原理与专业技能等内容组成，主要学习不同类型服装的应用表现能力及画面整体的艺术效果，提高学生的表现能力与鉴赏能力，使学生在表现服装在色、型、质设计要素的同时，还能进一步地刻画出着装者的气质与个性，并通过场景的渲染，使设计作品更具艺术感染力；第六章为专业知识与应用原理等内容组成，解读服装效果图中所体现的设计概念、品牌定位、款式造型、结构工艺，本章节以全新的角度引领学生从服装设计的整个过程中，认识解读服装效果图中所表现的内容信息，通过"图"的表现更好地将构思与后期制作联系起来，让学生在今后的设计表现中达到职业设计师应具备的专业水平。

1.3 课程的教学内容与课时安排

章／总课时数	课程性质	分课时	课程内容	训练说明
第一章 (2 课时)	专业知识	1	导言	针对手绘工具的种类，通过使用了解其特性及效果
		1	服装效果图的手绘工具	
第二章 (6 课时)	概念与 基础理论	2	服装效果图的概念	通过大量的范图，了解效果图的种类与表现形式，掌握其功能与特征
		2	服装效果图的功能	
		2	服装效果图的种类	
第三章 (18 课时)	专业知识 与专业技能	6	人物形象与细节表现	针对头部五官、人体结构、动态造型进行训练
		6	手部与脚部的造型表现	
		6	人体造型的表现	
第四章 (12 课时)	专业知识 与专业技能	6	服装细节的表现	针对上下装不同款式、面料进行训练
		6	服装廓形的表现	
第五章 (24 课时)	应用原理 与专业技能	8	服装面料的表现	针对男、女装及系列服装进行综合性训练
		8	女装系列效果图的表现	
		8	男装系列效果图的表现	
第六章 (18 课时)	专业知识 与应用原理	6	设计概念的解读	针对实际方案，进行概念、款式、结构工艺等信息的解读训练
		6	款式造型的解读	
		6	结构工艺的解读	

2. 服装效果图的手绘工具

服装设计图采用的手绘工具种类繁多，但大多因人而定，设计师会根据自己的习惯、技法特点与设计风格选择绘画工具，主要是为了设计意图及表现效果服务；但就初学者而言，首先要了解和熟悉常规的表现工具：马克笔、彩色铅笔、色粉笔、水彩等，只有熟悉地掌握它们的性能才能运用自如，不断地提高技法的应用能力，使设计图的表现逐渐形成自己的风格。

2.1 马克笔及使用要点

马克笔是现代设计中一种较为普遍的手绘工具，它分为水性、油性和酒精性三种类型，其品种繁多（包括韩国的、美国的、德国的）、色彩丰富，如灰色系（包括冷灰和暖灰）、红、黄、蓝、绿等，可以根据色标号选购颜色，一般在四十支左右即可。笔头分为圆、方、尖三种，受笔头限制在服装上大面积平涂较为困难，可利用马克笔的渐变与排列来表现。

马克笔由于携带方便、使用简单深受服装设计师的喜爱，所以也是服装设计图表现技法的主要使用工具。它的特点是使用方便，不用水和毛笔等辅助工具就能着色，而且线条流畅统一，色彩鲜艳透明，笔触较为一致；油性笔色彩比较稳定，往往通过运笔的速度体现虚实变化，附着力强、不易涂改，所以要进行大量的反复训练，才能把握发挥马克笔的特性及优势，另外，在表现设计作品的使用前，必须对所画的内容做到胸有成竹，并一气呵成。

对于初学者在使用马克笔时，首先，要把线条的表现与服装的外形廓线和内部结构结合起来。在马克笔的使用

时，一般采用光泽平滑的纸张，这样会使画面的效果更好，但在使用时不能反复涂抹，这样会使颜色变得混浊，同时也会使纸张的表面粗糙起毛。可使用的纸张如胶版纸、铜版纸、复印纸、卡片纸等。

2.2 彩色铅笔及使用要点

在服装效果图的表现中，我们最好选用水溶性的彩色铅笔，它不同于水溶性蜡笔和水溶性炭笔。在服装局部造型的处理上往往能恰到好处地表现细节特点，在面料的颜色图案表现上，能较为具体地描绘出色彩的过渡变化及纹样特征。

水溶性彩色铅笔一般 分 为 12 色、24 色、36 色至 48 色等类型的包装，另外还有金、银两色；荧光色及不同硬度的单色铅笔。它含油性较高、质地细腻、使用方便、色彩稳定。它的特点是

可将上色部分用水渲染，能够达到水彩颜料的透明效果，当渲染待干后，可继续用水溶笔深入刻画，即可达到色彩艳丽的效果；没有进行水染的部分不易反复涂画，但可配合擦笔进行涂抹；另外，可结合水彩、马克笔、签字笔或与计算机后期处理相结合，形成较为丰富的艺术效果。水溶笔的运用一般对纸张的要求不高，最好选择一些表面略带纹理，易于上色的纸张，如钢骨纸、图画纸、水彩纸、特种纸等。

在服装设计图的色彩表现中，可用作打底或对画好的部分进行细致刻画；如人物的面部化妆、服装的光影部分或服装上的装饰纹样。但它的颜色在渲染后不够光泽艳丽，且覆盖力不强。其表现效果适合于表现针织类或皮毛类材料的服装。对于初学者来说，使用前可先做一些尝试，进行勾画、涂抹、渲染等，在使用的过程中积累一些

经验，掌握其不同的特性。彩色铅笔与马克笔相比，对于初学者来说易于掌握，画错可用橡皮擦掉，是我们手绘设计图的理想工具之一。

2.3 色粉笔及使用要点

色粉笔有国产、进口之分，根据实际经验认为国产的更为好用，容易涂匀。色粉笔是流行于西方绘画中运用较为广泛的工具。近年来在我国的绘画及设计领域中，色粉笔的使用也较为普遍。产品的种类及色系的分类非常丰富，最多可达到180色盒装的色粉笔，它质感柔软，色彩丰富、鲜艳而厚重。

在使用时，通常要配合擦笔或者纸巾进行涂抹，可在涂抹中进行混色，以调和出所需的色彩效果。色粉笔的覆盖力极强，适合大面积的色彩渲染，具有较强的艺术感染力和视觉冲击力，如在表现服装效果图中背景与场景的色彩处理。

在细部刻画上，如裘皮的刻画上，可先用色粉笔表现出裘皮的大体的光影效果、肌理特征及基础轮廓，再配合水溶性彩色铅笔勾画出重点部位的裘皮毛针，待画面完成后一定要喷上定画液加以固定，以免色粉脱落。色粉笔一般选用于较粗糙、肌理突出且含棉质较多的纸张进行绘画，如新闻纸、有色纸、白板纸、素描纸、水粉纸等，都适合色粉笔的应用，因为这样的纸张易于色粉的附着及色牢度的提高，另外，在用有色纸进行绘制时，可增加画面的层次感及色彩的对比效果。

　　在服装设计图的表现中，还可先选择马克笔勾线，再用其描绘出多种不同质感的面料特点，也可单独使用，在体现厚重、粗糙的面料质感上效果极强。在表现反光面料的质感上也具有自己独到的特点；初学者在使用时，应先用铅笔简单勾画出草图，再按步骤深入完成。另外，可尝试用手指、擦笔或其他媒介工具涂抹，色粉笔会产生丰富而奇妙的肌理效果。

2.4　油画棒及使用要点

　　油画棒是一种传统的绘画工具，表现出的效果肌理粗犷厚重、富于变化，其色彩艳丽且覆盖力强，如配合水彩色使用，可表现出雪纺、蕾丝、丝绒花等轻薄的面料与图案纹样。

　　油画棒可在平涂后，用刀片刮去部分较厚的颜色，即可获得涂层面料的效果，另外，还适合表现粗纺类或毛衫类等其他服装材料的效果。在表现编织的毛衫时，可先用油画棒按其款式造型的效果进行平涂、勾画，再用小刀刮出毛衫的纹理、图案的位置。

2.5　水彩色及使用要点

　　水彩色分为透明性水彩和不透明性水彩，我们通常把不透明性水彩称之为水粉

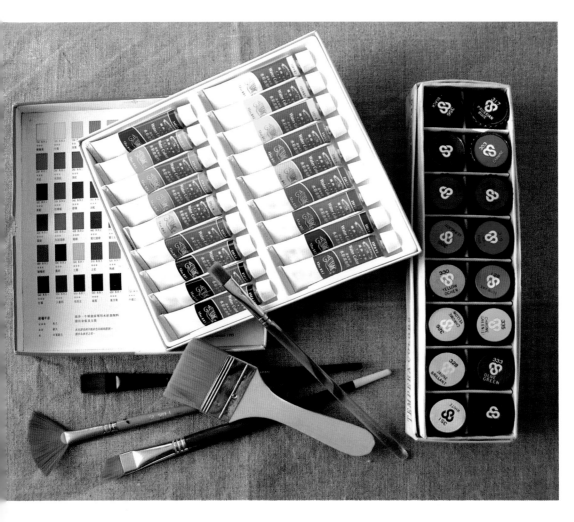

色或广告色，其产品种类较多，如彩色墨水、水彩笔、水彩颜料、水粉颜料等。它们都是服装效果图中色彩表现最常用的材料。它的色彩鲜艳且丰富，既可运用透明性水彩色表现出面料轻薄、飘逸的效果，又可运用不透明性水彩色表现出面料厚重、粗犷的肌理特征。也可作为大面积的染色或打底，水彩色可表现出各种面料的质感特征。

另外，在人物的妆容表现上，也可刻画出其化妆的效果及人物的性格气质。总而言之，水彩色是众多手绘工具中色彩的表现力最为丰富全面的，如与马克笔、水溶铅笔等其他颜色材料配合使用，将会获得更加完美的效果。

2.6 其他辅助工具介绍

服装效果图的手绘工具除了以上介绍的工具之外，其他的使用工具还很多。就服装设计师而言，只要使用方便，能够满足他们的设计意图和表现效果都能使用，如著名服装设计大师卡尔拉菲尔德，在他的服装效果图中，经常会使用唇彩、眉笔，化妆盒里的眼影、腮红也常常作为涂抹在服装及人物身上的色彩。以下将介绍一些常会用到的辅助工具，在染色、勾线的毛笔中，我们经常会用白云笔、叶筋笔，另外，各种方头、圆头的水彩笔也是我们在服装效果图的色彩表现中不可或缺的工具。

如何选择与使用工具相配的纸张是画好服装效果图的关键之一，对于刚开始学习服装效果图的初学者来说，因要进行大量的练习，可选择一些价格便宜的纸张，如雪莲纸、复印纸等，有时为了更好地体现人体的动态造型，在拓摩拷贝时一般会用到硫酸纸；在服装效果图的作品表现中，由于使用工具的不同，往往在选择纸张的肌理上也会有所差别，如：一、表面光滑的铜版纸和白卡纸，适合用水性、油性等各种马克笔及水彩笔表现；二、表面粗糙的素描纸、水彩纸及各种有色卡纸较适合色粉笔、油画棒及水溶笔使用。专业美术用品商店往往按纸张的大小规格、颜色、厚度分类，一般可根据使用工具和表现内容来选择合适的纸张。

　　最后如擦笔、美工刀、调色盘等工具也要在学习服装效果图前准备好。

辅助工具：

（1）可压缩涮笔筒；

（2）斜头水彩笔；

（3）平头板刷；

（4）剪刀；

（5）扇形水彩笔；

（6）调色盘；

（7）多功能美工刀；

（8）粉笔画固定剂；

（9）固体胶棒；

（10）胶带；

（11）燕尾夹；

（12）水性马克笔；

（13）尖头毛笔；

（14）油性漆笔；

（15）擦笔；

（16）橡皮。

思考与练习

1.针对本章介绍的手绘工具，通过使用了解其特性及效果，为画好服装效果图做好准备。

2.通过练习选择自己喜欢的两至三种手绘工具，尝试临摹服装效果图。

伊丽莎白·赛特 作品

—— 第二章 ——

服装效果图
的基础理论

第二章 服装效果图的基础理论

1. 服装效果图的概念

服装效果图是将服装设计构思内容用概括的、快速的绘画形式来表现的，通常注重刻画服装造型、结构、材料及人物着装后的整体效果。

服装效果图多为线条勾画，旁边贴有面料小样并配有文字说明，它常常是将设计师构思中的漂浮不定、转瞬即逝的设计概念及服装的色、型、质的设计思路，用较为感性的绘画语言描绘下来。对于广大的从业人员来说，服装效果图是一种直观而有效的方法。

范 例

该图内容涉及灵感源、采用面料、色彩搭配、效果图和款式图等设计流程的关键环节。作品中人体比例匀称、没有采用夸张的形式表现，这样才能更好地体现出着装后款式的整体造型与搭配效果。这说明绘制者在描绘前对人体动态与服装造型的特征有较为正确的认识与把握。

19-4023 TCX
18-4023 TCX
14-6408 TCX
18-3304 TCX
13-4103 TCX

那么，如何绘制服装效果图呢？

服装效果图在表达设计构思时，不仅要对服装外形及细节进行精心的推敲，而且要从服装的功能、色彩、构造、材料、缝制工艺、市场定位、流行的环境区域等诸多方面进行全方位的把握。服装效果图为了把设计构思表达清楚，常常需要画出服装的前、后、侧款式造型，一些需要特别交代的细部结构与工艺必须表现得非常清楚。因此，多角度地分析推敲设计方案，使其趋于完整性，是服装效果图最重要的意义所在。

在效果图的前期创作过程中，那些看似纷乱无序的思维点其实是非常宝贵的，正是这些放射性思维才能够派生出日后许多经典的设计。进而在绘画阶段，伴随着手、脑的协调运动，常常会迸发出更多的创意火花。因此，即使为同一市场目标进行设计，设计师往往也能拿出几个甚至十几个草图来。

范 例

该图为男装设计开发图例。内容涉及采用面料、色彩搭配、效果图和款式图等设计流程的关键环节。绘画者用水彩刻画出带有色彩斑纹的粗花呢及夹克肩部的绗缝效果，体现了人物着装后带有传统经典男装的特点。作品注重描绘出男士时装的设计风格与定位以及服装整体的搭配细节，这些往往是初学者在表达服装效果图中容易忽略的内容。

2．服装效果图的功能

　　服装效果图与纯绘画或艺术性时装画的艺术表现形式不同，它不是为满足大众艺术欣赏的审美需求。它的功能在于为样衣的制作，提供了造型、结构、工艺的依据。其具体功能主要体现在服装造型、服装结构、服装工艺等三个方面。

2.1 服装造型方面

　　主要通过人体与服装造型关系的表现，反映出着装后的面料及服装三围状态的设计效果。为制版环节中的首要问题——规格设计提供了比例造型的依据。

解读 ↘

通过该图我们不难看出效果图中所体现的服装造型、结构、工艺等的三大功能。它为成衣制版、缝制提供了重要的参考依据。

我们通过该图中袖子的造型、腰身的纹样及装饰挎包等部位，与成衣图片进行比对，说明了该作品的绘制者用严谨写实的表现技法，较好地把握了服装的造型比例、结构工艺及图案纹样等细节特征，并通过人体动态、发型化妆准确地体现出主题思想及设计概念。

2.2 服装结构方面

　　主要是通过服装外部廓形与内部构造的结构关系，反映出服装款式各部位，如领型、袖型、身型、省道、褶裥、口袋等设计特点，并在关键的细节设计上，配以文字说明及设定尺寸范围，为制版人员准确地完成版型设计，提供了重要的参考方案及结构造型的依据。

2.3 服装工艺方面

　　主要指通过服装整体造型的工艺表达，突出反映在明线的位置、针距的大小及图案纹样等工艺处理，并以图解的形式将工艺的特殊要求详细说明。

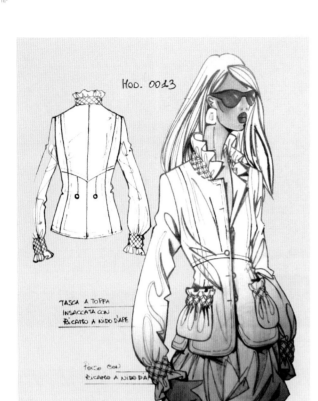

Durelli Alessandro [意]

3. 服装效果图的形式类别

3.1 服装效果图

　　主要表现人物着装后的整体效果。一般可分为用于品牌服装设计中效果图的表现和服装设计大赛中的表现。

　　其一在品牌服装设计效果图中，注重品牌的定位、风格中标志性造型设计特点的表现。

　　其二在服装设计大赛效果图中，可选择多种的表现形式：写实的、抽象的、变形的、夸张的，但一定要注重表现参赛主题及设计概念。

范 例 7

一般在品牌服装效果图的表现中，首先选择模特儿的动态造型是最能体现服装的设计特点，并采用简洁的线条配以适当的色彩勾画出着装后的效果，并用文字说明设计的细节要求。以上两幅范图，设计师通过严谨流畅的线条准确地表现出自己的设计意图及领、腰、口袋等部位的造型特点，同时勾画出人物的妆容及定位。

《津·韵》面料小样

点评

服装设计大赛的效果图在表现中，首先体现系列设计的概念定位，往往在人物形象及动态造型表现上，可采用夸张、变形的手法，来体现设计意图与创意风格。服装造型与面料质感的描绘上要尽量贴近构思的效果，使系列设计的表现效果能充分地让评委解读。

设计者：刘晶

3.2 服装款式图

　　着重表现服装款式的造型、结构与工艺的设计特征。在表现时，以人体结构的造型为基础，依据所使用的面料特征，通过款式图正面、背面、侧面的造型，准确地表现出款式的造型特征与基本比例的关系。在技法的表现上，应使用概括而严谨的线条勾画出服装的基本状态及细节效果，明确特殊工艺的缝合要求。

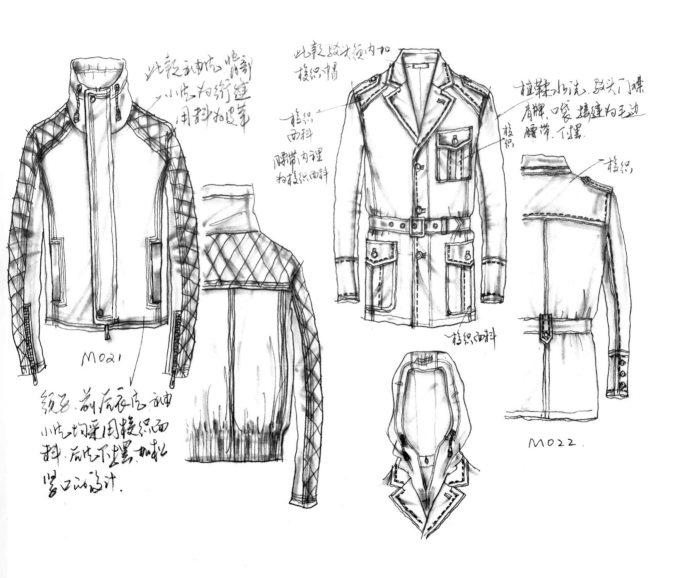

3.3 服装工艺图

　　只表现服装的款式、结构与工艺细节的要求，通过服装的正面、背面、侧面和细节放大的造型描绘，明确缝合形式、工艺特征，一般用于具体的生产指导。

服装工艺说明书

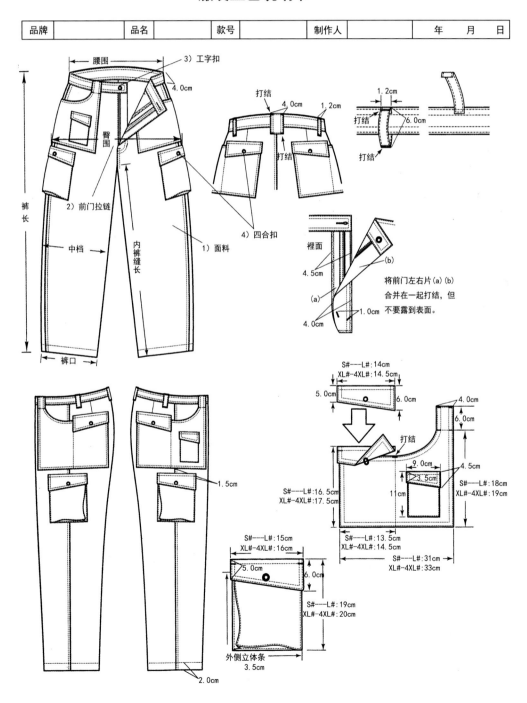

《服装效果图技法》的课程中，正在写生的学生们。

3.4 服装效果图的学习方法

　　针对大多数初学者绘画的造型能力较弱，所以开始训练时，可以根据几个常规的人体造型进行反复的临拓练习，同时参考人体摄影的资料，观察人体在不同的动态造型下，体表曲线的变化规律，并根据摄影图片上的人体动态，进行线描训练，直到可以准确地画出符合服装效果图所要求的人体动态造型。并根据不同的人体动态，再把设计好的服装准确地描绘在人体上。

　　简单来说：就是拓、临、默结合法——将人体动态造型及优秀设计图作品进行反复大量的拓临默练习，是学习服装设计图入门的最佳途径。服装效果图的临摹训练是学习别人已经获得的造型经验和表现方法，初学者由此进入服装效果图的学习，很容易取得成效。

　　学习之始，初学者往往束手无策，一定要在大量的临摹中学会如何借鉴，在服装大师绘制的作品中，那些丰富的表述语言和充满感染力的线条，我们只有通过反复读画、临摹才能获得效益，临摹的优点是能很快学到效果图的表现"程式"，并运用程式建立自己的技法的形式与特点，而缺点是极易陷入别人的习惯之中，不会生动自如地表现出

各种"造型"的人衣穿着效果，且缺乏举一反三的能力，所以在训练中不能过多单纯地依赖临摹的训练方式，有时反而形成了自己进步的障碍，必须与模特儿写生结合起来进行训练。

默写在服装效果图的练习中，是运用自己的记忆、想象，进行默写，首先要勾画出各种适合服装造型的模特儿动态，再将人物五官的化妆形象反复训练，最后再把设计好的服装穿在"模特儿"身上，这样才能把临摹的经验与写生的体会结合起来，并应用在实际的服装效果图表现中。

点 评

上图为教师上课写生的范画，右图是一张学生的临摹作业，该作业人体的动势特征的表达不够明显，但比例上问题较大，腿部较短，手脚的造型在结构和透视上也不够准确。另外，五官的刻画及化妆效果缺乏时尚。

时装图片转换法——利用掌握的技法，将时装图片用效果图的形式表现出来，为学习服装效果图的技法奠定了基础。另外对服装结构造型原理的了解与掌握，也是画好服装效果图的先决条件。

对此，初学者可以参考优秀的服装设计作品的摄影图片，通过仔细地观察、反复地练习，才能熟练地掌握人体与服装的空间关系、动态与衣纹的位置关系、光影与造型的体积关系、结构与面料的状态关系。所以在这里，我们要遵循这样一个规律，服装效果图的目的是为服务于成衣制作与生产等环节，能准确地反映出设计者在服装的色、型、质及结构、工艺等方面的设计意图即可，不需要进行过多的艺术性夸张与渲染，所以服装效果图的表现技法应从实际出发，可根据个人的风格特点，选择一两种绘制工具及材料进行训练，直至熟练掌握。

最后，模特儿写生法——模特儿着装写生是画好服装效果图的重要训练环节，是初学者通过自己眼的观察、脑的构思、手的表现，与模特儿进行的面对面的真实交流。

在临摹取得一定技法和认识后进行写生，应将学习得来的程式给以校正、检验，并能启发技法的创造性表现语言。通过模特儿静、动态的时装展示进行速写性的写生训练，为服装效果图的创作提供良好的训练素材。

课堂中把服装穿在模特儿身上进行写生。

技 巧 ↗

写生训练是效果图技法训练中重要的环节。初学者应抓住人体动态与服装造型的关系，注意衣褶的特点与服装的透视，表现出适合服装效果图所需要的着装效果。

通过从人体到服装，从效果图到时装摄影的大量临习、观察及默写，由简到繁循序渐进，不断地提高专业知识及职业素养，就可以将自己的构思与创意熟练地表现在服装效果图上。在学习服装效果图的表现中，初学者可按照以上的方法与要求进行训练。

思考与练习

1. 通过时尚资料，按图片转换法完成一张服装效果图。

2. 选择一幅优秀的服装效果图作品，进行临摹训练。

3. 找出两到三位国际知名服装设计师的效果图作品，分析其技法特征。

芮内 恭鲁奥 作品

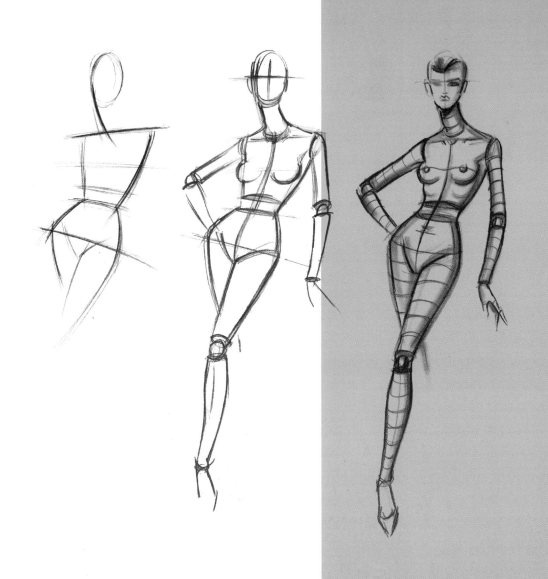

第三章　服装效果图的人体表现

1．人物形象与局部造型的表现

1.1 头部造型的表现

1.1.1 头部造型的基本结构、比例与透视

　　服装效果图是以表现服装的造型和款式为主，但人物头部的形象则代表和反映了一个人的气质和精神世界。其中眉、眼和嘴，更是传达人物思想感情的重要器官。只有将头部刻画好，才能使画面更加完整，也能更好地与服装的整体风格相呼应。准确而生动地描绘头部五官，首先要掌握它们的基本结构、比例和特征。

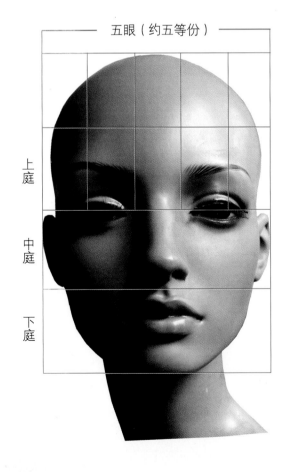

五眼（约五等份）

上庭

中庭

下庭

解　读

以头部的正面、半侧面、侧面为例：

1.正面：从水平的角度观察，眼睛基本上位于头高的二分之一处（头高为上至头顶，下至下巴），发际线位于头顶和眼睛的二分之一处，鼻子的下方则位于眼睛和下巴的二分之一处，鼻子所在的四分之一份正好是耳朵的位置，嘴唇在下半个四分之一的上二分之一处。两眼之间的距离恰好是一只眼睛的长度。

2.半侧面：半侧面的头部五官，清楚地呈现出正面无法看到的头部、颈部肌肉。头部的中心线向侧面偏移，脸部左右的比例发生了透视变化，脸型、鼻子纵向拉长，眼睛、嘴唇横向缩短。

3.侧面：头部造型的上部廓形为圆形，下部廓形为三角形；耳朵的位置为头部宽度的二分之一以后，呈现出耳朵的整体形状，眼睛的透视后造型为三角形。

让我们利用模特儿头部造型的辅助线来了解头、脸部及五官的结构、比例与位置关系。

中国绘画史上将人物面部五官的比例概括为"三庭五眼"，也是正面脸部结构一般的规律。

"三庭"："一庭"是指从发际线到眉毛；"二庭"是指从眉至鼻底；"三庭"是指从鼻底至下巴。"五眼"：人物正面脸的宽度正好为五只眼睛的宽度，两眼之间的距离，正好为一只眼睛的宽度。

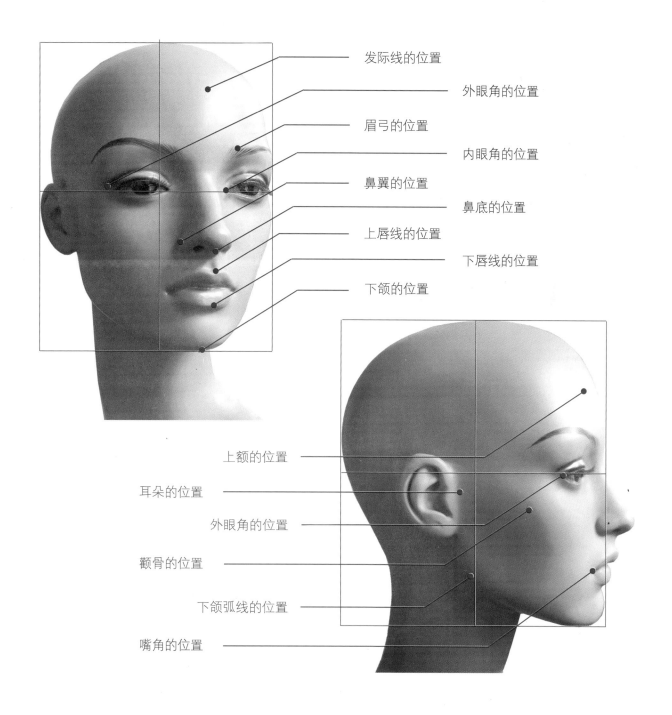

发际线的位置

外眼角的位置

眉弓的位置

内眼角的位置

鼻翼的位置

鼻底的位置

上唇线的位置

下唇线的位置

下颌的位置

上额的位置

耳朵的位置

外眼角的位置

颧骨的位置

下颌弧线的位置

嘴角的位置

仰视：正面、半侧面、侧面　　平视：正面、半侧面、侧面　　俯视：正面、半侧面、侧面

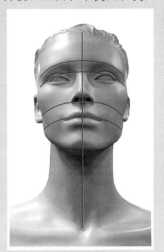  

头部的透视是随着头部角度的变化，脸部五官的透视也随之产生变化，应该根据不同角度的透视关系灵活地调整五官的比例与透视关系。我们在这里应重点理解头部五官的透视（两眉间、两眼间、两鼻翼间、两嘴角间、两耳间），因为它们在表现时，往往最容易出错。左页为头部五官常用视角的透视分析图。

1.1.2 男、女头部五官造型的特点与表现

男性与女性头部的特点为：一般男性头部的轮廓可表现为正梯形或长方形，前额较为宽阔，要把眉眼的距离表现得略近，勾画的重点在于表现面部的结构特征，以突出男性的阳刚之气；而女性的头部轮廓线表现为倒梯形，前额表现得略高一些，显得更加美观，通常将眼睛的位置画得略低一些，显得柔美妩媚，眉眼间的距离表现得略远，勾画的重点往往突出化妆的效果。

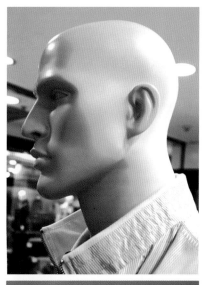

（1）头部五官的正面画法

将头高均分四等份，画出头宽的 1/2 中线，根据头部的比例画出五官的位置，眼睛和耳朵的造型一定要表现出左右对称。另外，眼睛的高低位置决定了人物的年龄特征，一般年轻人眼睛的位置为头高的 1/2 处以下，中年人为头高的 1/2 处，老年人为头高的 1/2 处以上，儿童眼睛的位置则在头高的 1/3 处及以上。

在常规的情况下，我们经常说到"三庭五眼"，"三庭"一般女性可以按发际线到下颌骨分为三等份，但在表现男性的发际线时往往要画得略高一些，即头高的 3/4 的位置以上，以此突出其性别的特征。鼻子为了达到隆起的效果，一定要表现出正面鼻梁与鼻底的结构变化。

（2）头部五官的半侧面画法

将头高均分四等份，先画出透视后的头部中心线，要注意表现出五官的透视及造型的变化。另外，颧骨的位置及脸部的外轮廓线是画好脸部的关键，往往表现男性头部轮廓的线条时，要用肯定、硬朗的线条刻画出男性额头、颧骨及下颌骨的结构特征及阳刚气质；但在表现女性头部轮廓时，则要用严谨、流畅的线条刻画出柔美的气质。半侧面的头部造型，鼻梁的透视及造型表现不可小视，且男女差别较大。嘴部的造型由于透视角度的不同，初学者应针对在写生过程中观察到的透视变化，反复练习，并根据眼、鼻的透视画出相对应的嘴部造型。

（3）头部五官的侧面画法

将头高均分四等份，先画出头宽的 1/2 中线，并在头宽的中线之后，画出耳朵的造型，脸部侧面的外形轮廓在额头、鼻子、下颌处男女差别较大。眼睛与嘴部的外形由于透视的关系，基本可归纳为三角形，另外，从侧面的角度最容易看出，鼻梁与耳朵的长度大致相同，初学者在练习侧面的头部五官时，往往头宽的比例不足，容易将后脑画得过窄，影响头部的造型效果，所以一定要根据头部高宽的比例定出耳朵的位置，这是至关重要的。

在表现人物头部五官造型时，男性头部和女性头部有着明显不同，一般女性的头部要表现出柔和、秀气的特点，而男性的头部则要表现出刚毅的线条和轮廓。

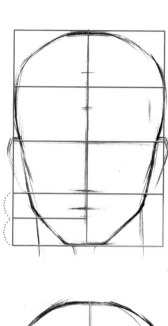

技 巧 7

男性正面头部的高宽比例为 5：3.5，正面头部五官要画得对称，眉毛要画得略粗一些，发际线在头高的 3/4 处以上。

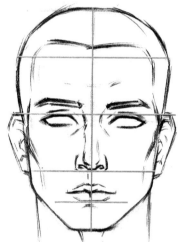

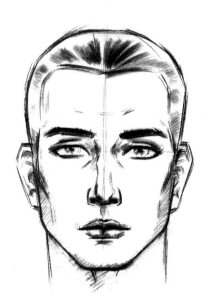

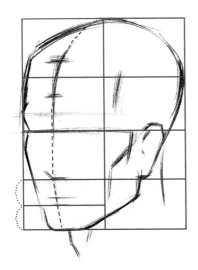

技巧

男性半侧面头部的高宽比例为 5：4，先画出透视后的头部中心线，准确表现出半侧面头部五官的造型，要加强颧骨的刻画。

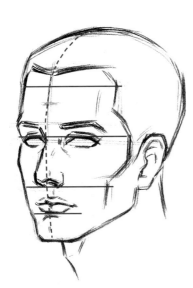

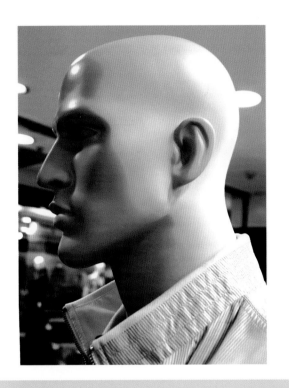

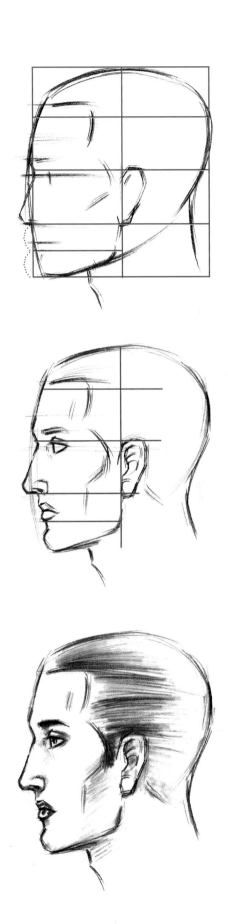

技 巧 7

男性侧面头部的高宽比例为 5：4.5，侧面头部的宽度增大。要注意耳朵的位置及眼睛、嘴的透视造型。

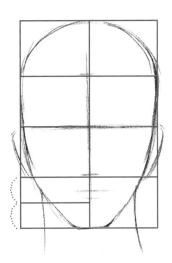

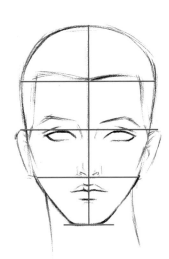

技 巧 尺

女性正面头部的高宽比例基本同男性，发际线的位置略低于男性，在刻画正面眼睛造型时，外眼角一定要高于内眼角。

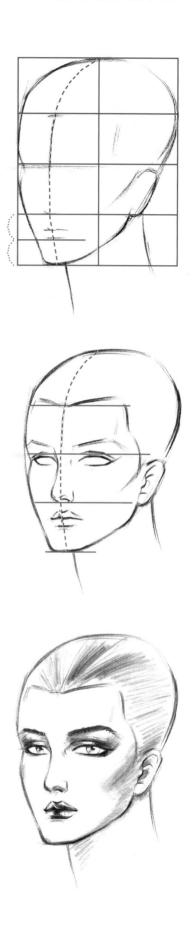

技巧 ↗

女性半侧面头部的高宽比例为 5：4，先画出透视后的头部中心线，准确表现出半侧面头部五官的造型，并要减弱颧骨的刻画。

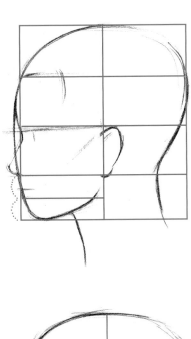

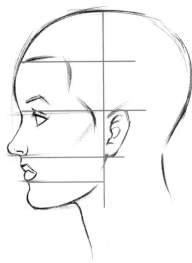

技巧区

女性侧面头部的高宽比例基本同男性，要注意耳朵的位置及眼睛、嘴的透视造型，另外，下颌部分一定注意不要过于前翘。

1.2 面部妆容的表现

1.2.1 面部五官化妆的表现

　　面部化妆主要表现在眉、眼、嘴、腮等部位，化妆的表现及色彩要与穿着的服装造型及风格相互呼应，并形成整体的统一。服装效果图中女性的头部造型主要通过化妆来体现结构特点及人物的气质；男性则是通过头部的结构刻画来体现其性格与人物的风度。

　　另外，现实中五官化妆的立体效果是通过人物脸部的结构表现出来的，所以，服装效果图在面部化妆的表现上要通过颜色的深浅变化及细腻的过渡才能表现出真实的化妆效果。

技巧 ↗

在表现头部五官化妆时，首先要准确地描绘出头部的外形及眉、眼、鼻、嘴、耳的基本结构位置；再用淡色染出眼影、腮红、口红及头发的底色，但要按五官结构的虚实关系表现出妆容的渐变效果；最后，逐渐加重染色的效果，并将眼睛、头发及嘴唇的反光处留白。（上图使用工具为炭铅＋擦笔）

范 例 之

一般在表现不同角度的面部化妆中，首先要注意不同角度眉、眼、鼻、唇的透视关系与结构造型，并准确地描绘出面部的妆容效果，此三幅作品用线要简洁、流畅，面部的化妆特点突出，其步骤可用淡肤色色粉先渲染出面部的起伏和阴影部分，再用深色的色粉反复勾画眼线及眼影部分，并用擦笔轻轻地擦出立体渐变效果，另外，眼睛在勾画中一定要留出高光来，再轻轻进行染色，即可使之明亮有神。

眉的表现可先用灰色马克笔勾画出眉形，再用黑色马克笔刻画出眉毛的细节，最后用擦笔沾着黑色色粉涂在刚刚画出的眉形上，就能表现出真实的眉毛的效果。

唇的表现可先用黑色马克笔勾画出唇形，再用擦笔沾着淡红色色粉涂在嘴唇上，但要在下唇留出反光的部分，最后再用深红色色粉勾画上唇，就能表现出唇部化妆的立体效果。

1.2.2 头发造型的表现

人物发型的画法是较难把握的,但人物头发的造型是着装后整体效果中一个较为突出的环节,也能反映出一个时代的风格与时尚的特征。在服装效果图表现中,一般要从整体出发,对发型概括处理,从而将表现的重点放在服装上面。

(1)画光滑的直发或波浪形的卷发时,应该根据发丝走向和发型的整体特征,用较明确的线条从发根画起,要做到疏密有致,不能简单均匀地排列线条。对于卷发,一般要把握其重点,深入表现最为突出的几组,以带动发型的整体效果。

技巧 ↗

在表现人物发型中,可参照时装照片的效果进行描绘,发型和头部的结构是一个整体,在刻画时要注意表现出发型的特征、轮廓、反光的效果,并要处理好发型与面部的衔接关系。

（2）画体积感较强的短发或较为凌乱抽象的发型时，前者由于头发被修剪成特定的形状，应该先用线描绘出头发的整体轮廓来，再根据反光、暗面等光影效果深入刻画；后者在表现时要抓住发型的特点，用擦笔擦出边缘发型的凌乱效果，再根据发型的结构突出表现靠前的几组。

（3）画盘发时，线条应该体现一种律动感，注意头发之间的穿插缠绕、长短疏密的形式特点，注意用线面结合的方式表现出发型的光影效果，即可达到盘发的造型特征。

范 例

一般在表现不同发型中，首先要注意发型的外轮廓线及造型特征，另外，光影效果与主次关系的表现是画好发型的重要环节。

（上图使用工具为炭铅＋色粉＋擦笔）

范　例 7

通过这几幅作品，我们不难看出在表现发型的过程中，一定要表现出头发的厚度、发髻和鬓角部分与脸部的过渡及衔接效果，要注意处理好不同发型的边缘特征与头发的反光特点，在刻画时，不能漆黑一片没有层次。

1.2.3 帽子造型的表现

帽子是服饰的一个重要组成部分，在表现帽子的造型时必须注意刻画出帽子与头部接触部位的透视关系，还要考虑好帽子与服装的配套关系及戴在头上的深浅状态，这样才能获得整体效果。

范 例 ৲

画帽子时表现出其造型特征与尺寸大小是至关重要的，以范图为例：小型的帽子一般戴在头上的部位较浅，且略向前倾。包头的围巾一定要注意围裹的部分要紧贴在头部，并由于蝴蝶的装饰使之形成细碎的褶皱效果。

范 例 71

通过这几幅作品，我们可以看到不同的帽子造型与头部接触的深浅状态与位置的差别，范图中有帽檐上翘的平顶帽、柔软随形的贝雷帽、边沿硬挺的水兵帽、帽檐下落的礼帽，其造型千变万化但离不开头部的基础形态，所以表现出帽子造型与头部的立体状态是非常重要的。
（范图使用工具为炭铅＋色粉＋擦笔）

作者：钟慢慢

作者：钟慢慢

作者：卢长花

作者：卢长花

1	3	5
2	4	6

点 评

以上作品均为课程作业，画面人物头部造型与五官化妆表现准确细腻，用色丰富大胆，人物神态生动传神，较好地体现出发型与妆容的设计效果。但有些作品缺乏深入的细节刻画。

图 1 使用工具为炭铅 + 色粉 + 擦笔
图 2 使用工具为水性马克笔 + 水溶性彩色铅笔 + 擦笔
图 3 使用工具为炭铅 + 色粉 + 擦笔
图 4 使用工具为油画棒 + 水溶性彩色铅笔 + 擦笔
图 5 使用工具为炭铅 + 透明性水彩
图 6 使用工具为透明性水彩 + 水溶性彩色铅笔 + 签字笔

作者：李雅娴

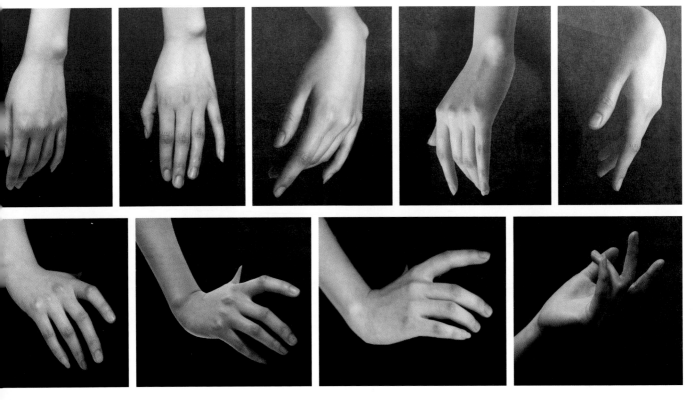

1.3 手部的造型表现

　　手是人的第二表情，在服装效果图中手的姿态与造型起着衬托服装美的作用。要画好手的造型，先要了解手的基本结构、比例与动态特征。女性的手是纤细而优雅的，所以女性的手指多用S形曲线来表现，手长等于头部的四分之三即下巴到发际线的长度，中指的长度为手长的二分之一。

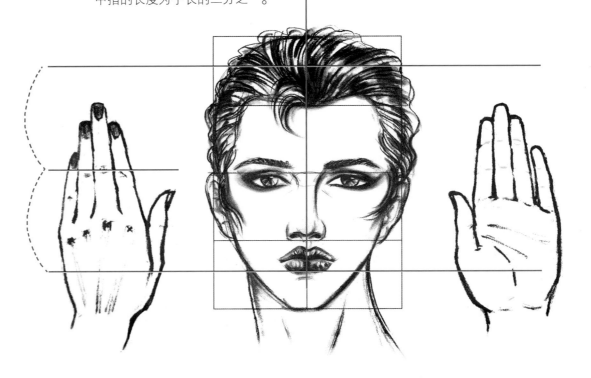

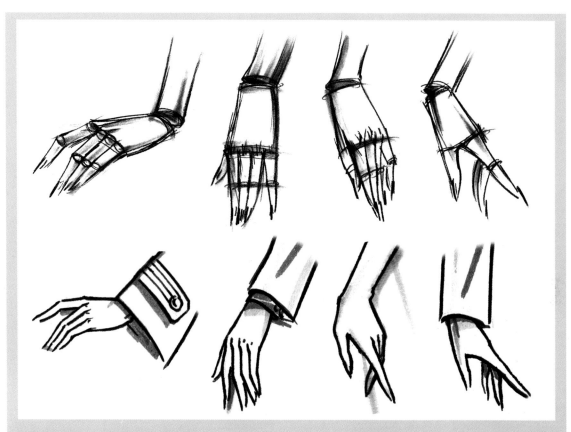

技 巧 ↗

在服装效果图中,手的表现至关重要。要画好手的造型,先要了解手的基本结构、比例与动态特征。表现手的造型时,首先要勾画出手的大体轮廓,再画出每个手指的基本结构,并注意表现食指与小指的造型姿态,这样会使其更加生动并富有表情。

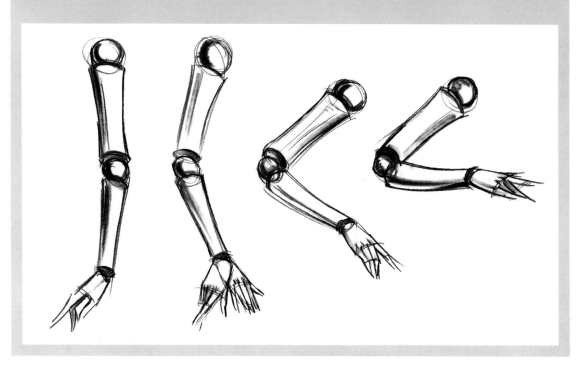

手的造型从腕、掌到指呈阶梯状逐级下降，在表现手的时候，可以先把掌部画成梯形，再画出食指、小指与拇指的造型，即可表现出手的姿态。另外，女性的手是纤细而优雅的，所以女性的手指多用 S 形曲线来表现。

在表现手臂的结构造型姿态时，首先要注意肘关节、腕关节与人体肩、腰、臀部的位置关系，并要画好手臂结构曲线变化的特点及肘部的骨点，同时注意在自然状态下，手臂无论处在什么位置时，袖口的造型始终垂直于手臂。

1.4 脚部的造型表现

脚是全身重量的支点，脚的位置与透视造型关系到人的姿态美感，脚的造型有限，不像手的造型有那么多的变化，脚的长度是小腿长度的二分之一，通常我们在画脚时，首先要画出脚的透视形状，再将鞋的造型准确地表现出来。在完成鞋的造型时，要仔细观察鞋跟的高度，因为不同鞋跟的高度会影响脚面与地面的角度。另外，鞋的造型与时尚特征也应与服装的设计风格形成协调与统一的整体效果。

在服装效果图中，女性的腿部是健美的、修长的，在表现方法上，基本上与画手臂一样，也要注重立体感的表现。当我们看腿的轮廓线时，无论看哪一部分都没有直线。仔细观察，外侧的线从大腿根部到脚后跟呈 S 形，内侧从膝盖一直到脚踝也呈 S 形。

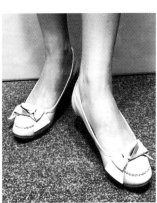

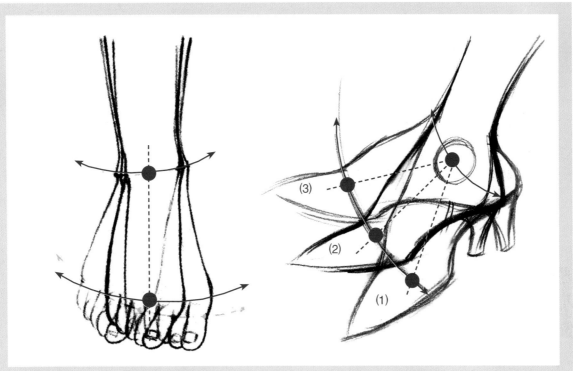

解读↗

脚的运动规律以脚踝处为圆心，至脚掌前端为半径，可上下左右自由运动，其造型与透视的关系的准确表达是画好脚部的关键，另外，必须进行实际观察与写生，并参照艺用人体解剖书的腿脚部结构反复练习。（下图使用工具为炭铅＋色粉＋擦笔）

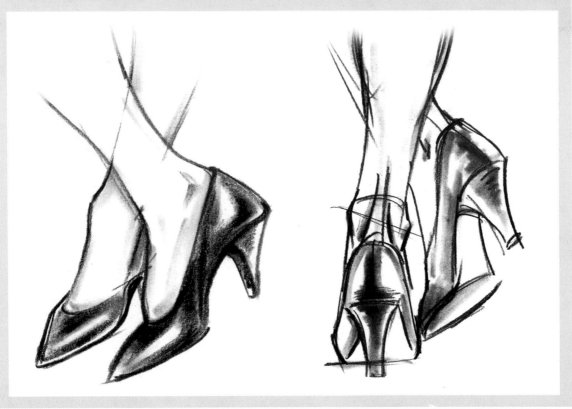

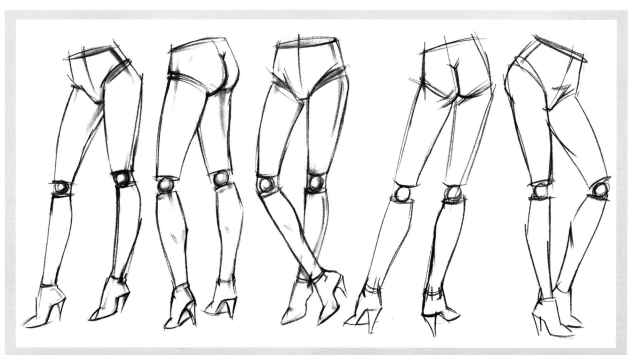

技巧 ↗

要想画出理想比例的腿部造型，首先要将小腿肚的位置画到小腿高度的 1/2 处以上，只有这样与大腿连接后才能形成"s"形的弧线变化，对于初学者来说，可以首先按照标准的模特儿动态造型，选择一两个常用的腿部姿态，将其外形勾画在硬纸上剪下，在使用时拓画下来即可。

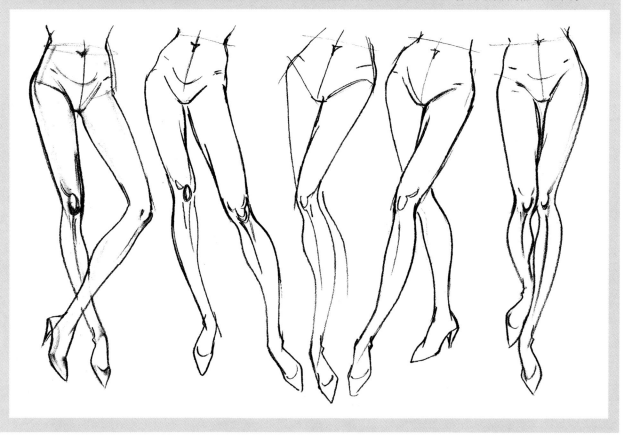

2. 人体造型的表现

2.1 服装效果图的人体基本比例

　　人体是一个复杂的肌体，其中的所有组成部分之间都紧密地联系着，并结合成一个不可分割的整体。其构造是由头部（可分为脑颅和面颅两部分）、躯干（可分为颈、胸、腹、背四个部分）、上肢（可分为肩、上臂、肘、前臂、腕和手六个部分）、下肢（可分为髋、大腿、膝、小腿、踝、足六个部分）四个部分组成。

　　人体结构的外形特点：正常的男女人体比例为七至七个半头高，在画服装效果图时，通常增加半个头的比例，以达到突出服装、表现时尚的理想效果，增加

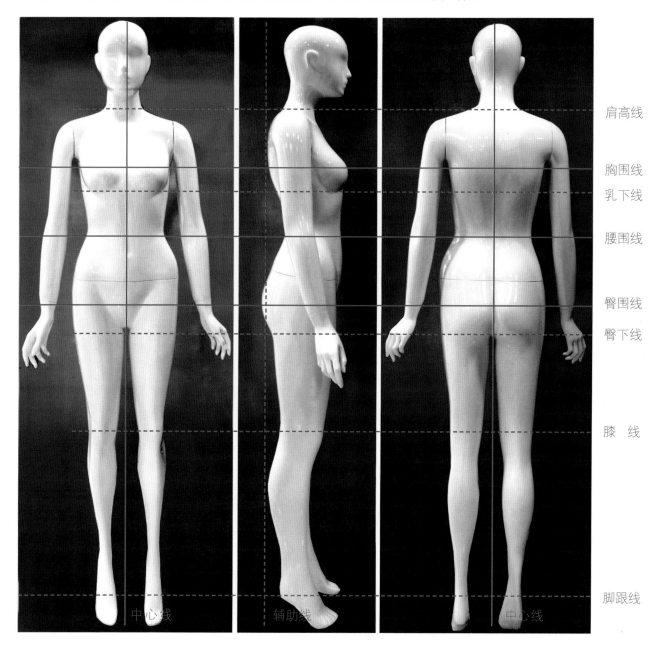

肩高线

胸围线

乳下线

腰围线

臀围线

臀下线

膝　线

脚跟线

中心线　　　　辅助线　　　　中心线

的部分放在膝盖以下的小腿部，这可以减少由于增高后所出现服装比例变形的问题。

女性的体型特点

女性的体型轮廓线特点为 X 型。在表现女性人体的比例时，先将头顶至踝部的长度，分为七点五份，也就是七个半头体。人体的中心线与第一线相交处

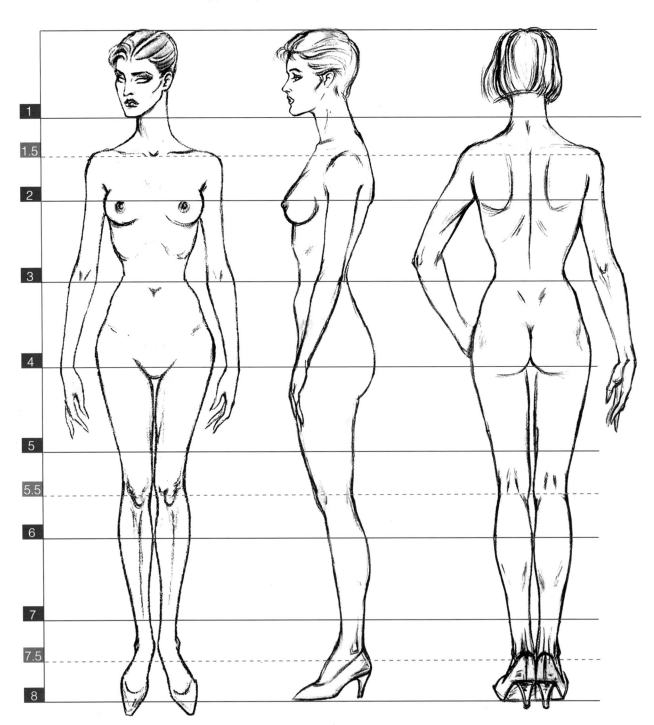

为下颌的位置。第一线至第二线的二分之一处为颈窝及肩线的位置，第二线至第三线的三分之一处，为乳下线的位置，乳头恰好在第二线至三分之一处中心点位置，第三线为腰线及肘线的位置，第三线至第四线的三分之二处为臀线的

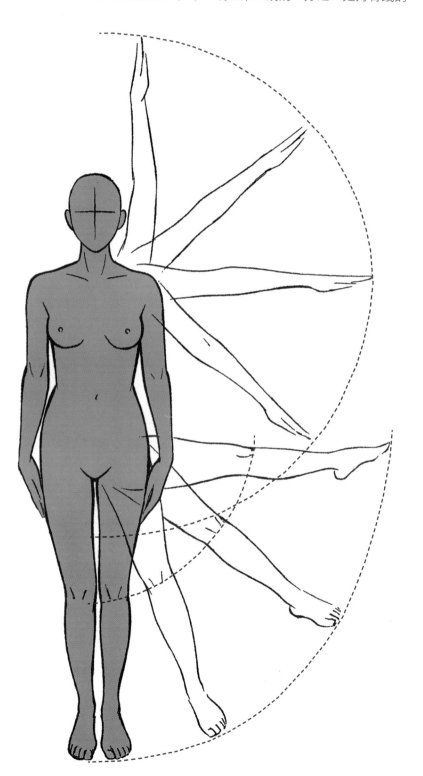

解读

对于初学者来说，准确地表现出手臂与腿部的运动规律、范围及身体的平衡状态，是较为困难的。当手臂与双腿弯曲或抬起时，身体的造型也会随重心的变化而发生变化，同样由于身体动态造型的不同，手臂与腿部的造型也随之发生变化。

所以要想掌握人体动态造型与运动规律，可从人体的正面、背面和侧面进行实际写生训练，从多角度来表现人体的各种动态及造型变化。

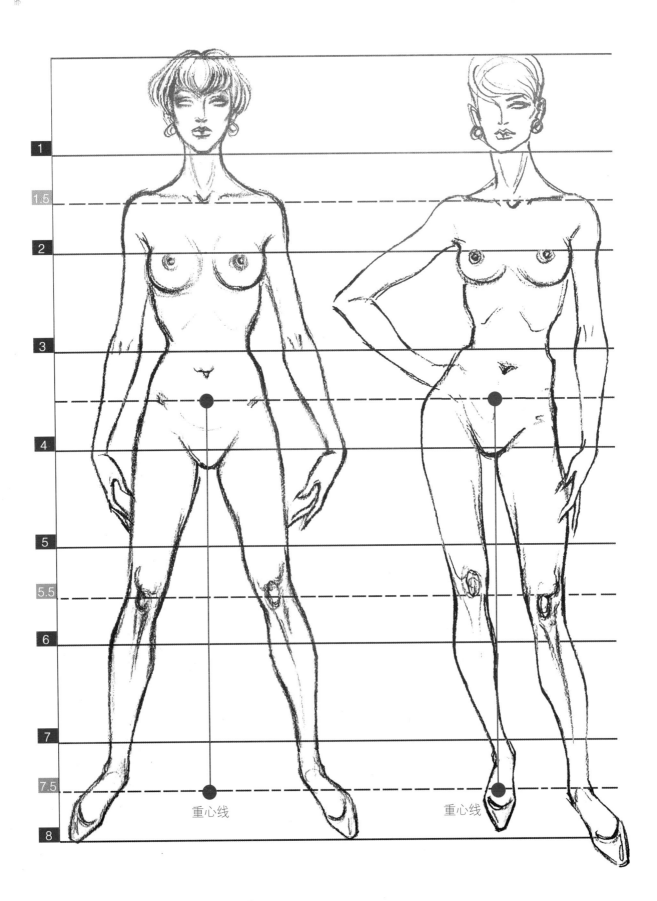

重心线　　　　　　　　　　　重心线

位置，人体的中心线与第四线相交处为耻骨及手腕的位置，第五线至第六线
的二分之一处为膝线的位置，人体的中心线与第七线的相交处为脚踝的位置。
女性肩部的宽度为一个半头长，腰部的宽度基本为一个头长多一点，臀部的
宽度为一个半头长。

男性的体型特点

　　男性颈粗、肩宽、肌肉发达，四肢粗壮、上宽下窄，体型廓线的特征是
为Y型。男性的人体比例，基本上与女性相同，在表现男性人体的比例时，
一般按八头体的比例。肩线的位置在第一线至第二线的三分之一处，腰线比

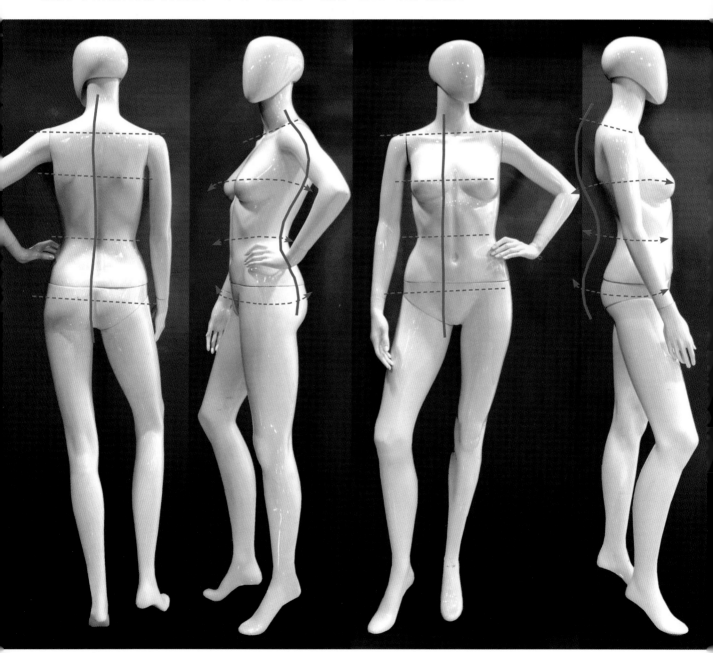

女性略低一点，男性肩部的宽度约为两个头长，腰部的宽度约为一个头长多一点，臀部的宽度为一个半头长。

2.2 服装效果图的人体动态表现

人体在直立静止的时候，从正面看人体的中心线垂直于地面，以中心线为界，人体左右两部分是互相对称、平衡的。从侧面看，人体前后的曲线呈不对称式，但人体的曲线相互联系，人体也因此而保持平衡。

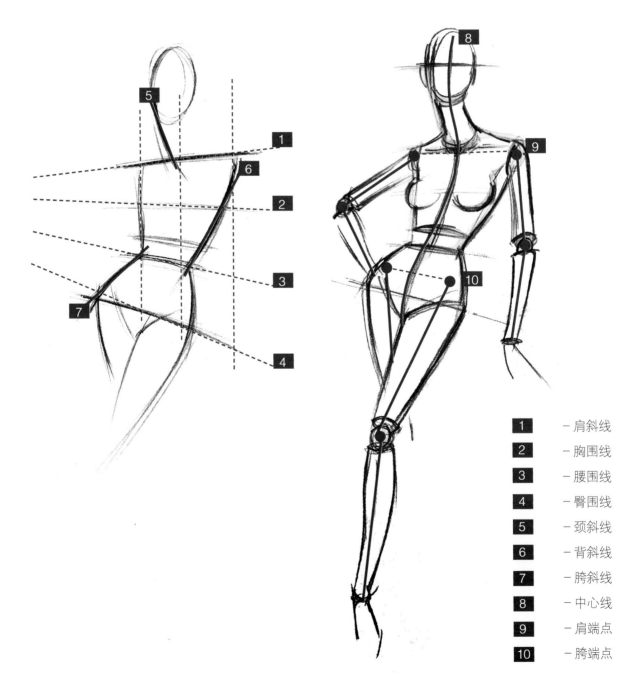

1	—肩斜线
2	—胸围线
3	—腰围线
4	—臀围线
5	—颈斜线
6	—背斜线
7	—胯斜线
8	—中心线
9	—肩端点
10	—胯端点

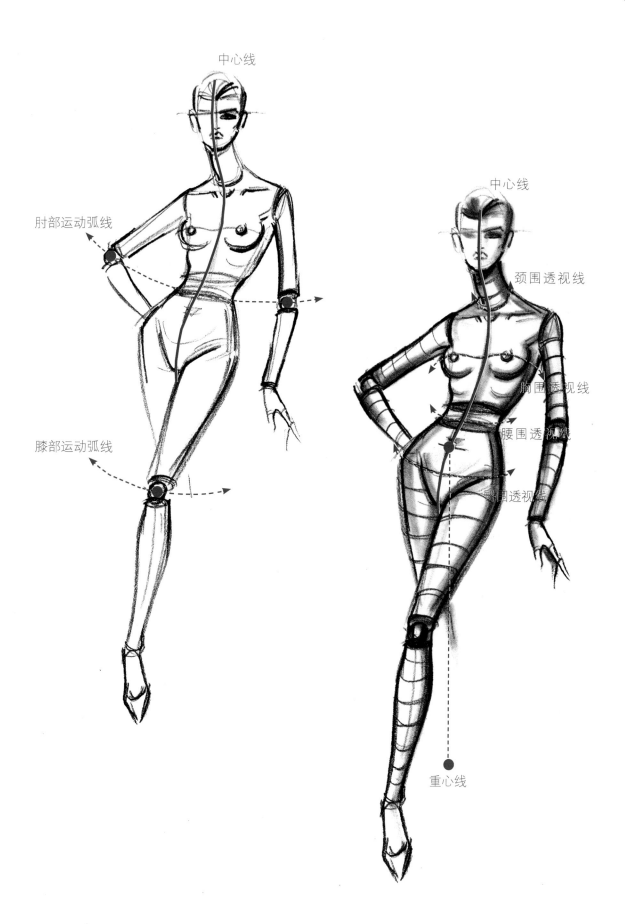

中心线

肘部运动弧线

膝部运动弧线

中心线

颈围透视线

胸围透视线

腰围透视线

臀围透视线

重心线

技巧 ⁊

对初学者而言，如何才能掌握人体动态造型、透视规律及表现方法，首先要抓住所画人体造型的大的动势特征，可将其肩宽线、胸围线、腰围线、臀围线及人体的中心线，简化为直线画出来，再将头部、胸部、骨盆这三个部分简化为三个长方体或一个椭圆形（头部）、两个梯形（胸部、骨盆），当人体动态造型时，三个形体相互转向不在一个平面上。上肢与下肢，可以概括成八段圆柱体，另外，可将连接各部位的关节先画成球状，要注意其动态造型的规律与位置范围。

从正面人体的造型规律来看，当肩宽线、胸位线、腰位线和臀位线发生倾斜时，要注意观察肩线、胸线、腰线与臀线的角度关系，此时中心线将为"S"形的趋势。

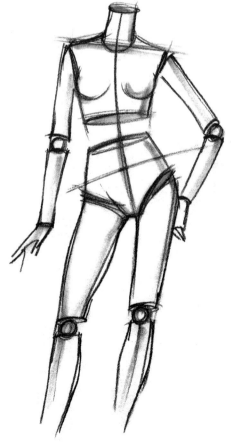

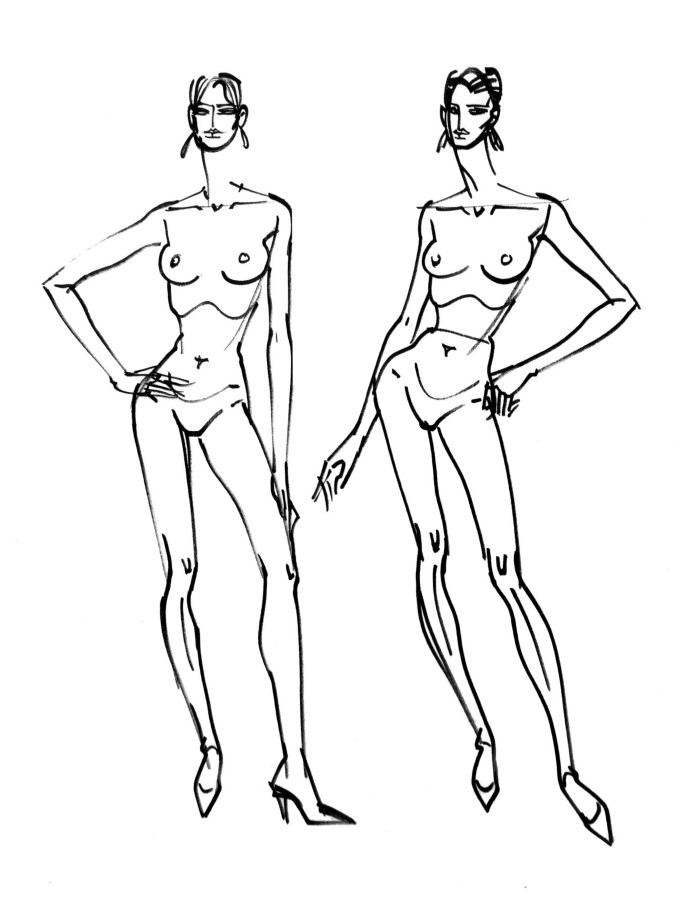

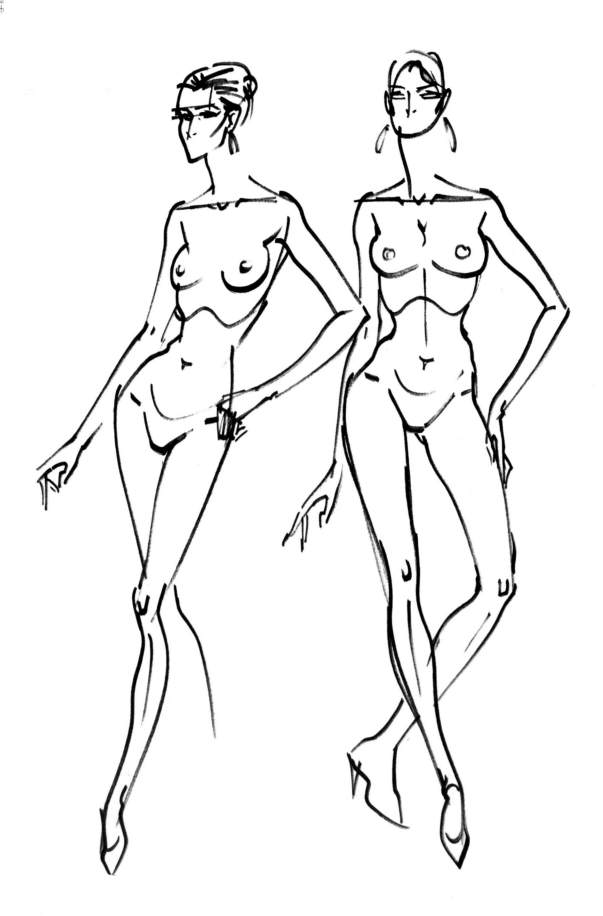

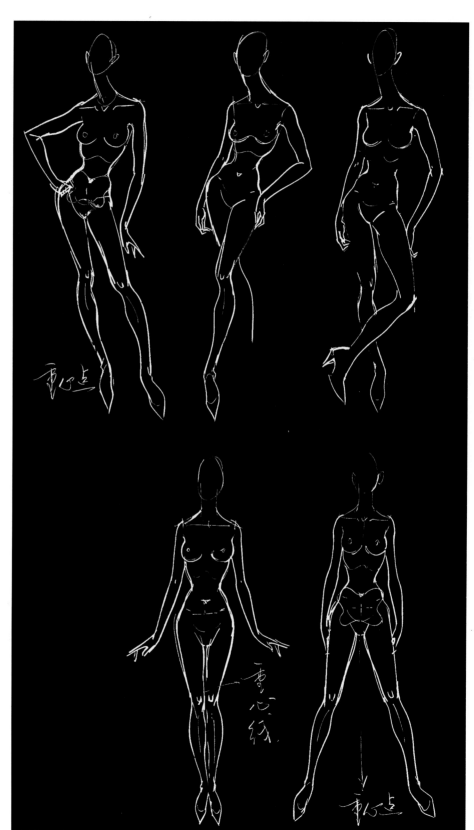

思考与练习

1.根据本章所学内容并参考时尚图片，画出六种不同的女性面部五官、发型的妆容造型。

2.按照两种不同的正面人体动态造型，根据透视规律将其动态的背面、左面、右面造型描绘出来。

课程中，黑板上给学生示范勾画的不同动态的人体造型，通常由骨盆的十字点向下做一条垂线，即为人体的重心线。

保罗 洛 作品

第四章

服装细节
与廓形的表现

第四章 服装细节与廓形的表现

1．服装细节造型的表现

　　服装款式的细节表现是服装造型表现的重要组成部分，我们将服装款式分为上装与下装两部分，这其中包括衣领、袖子、裙子、裤子、廓形等细节几部分，而服装造型的各个部分与人体动态之间有着密不可分的关系，因此，想要将服装各部分造型准确地传达出来必须遵循以下几点：

　　——人体动态的造型选择必须以最好的角度展现服装造型特点为依据，让服装造型的美感与肢体的美感和谐、统一，才能达到整体造型的完美；

　　——服装造型的线条表现要充分传达服装与人体间的空间关系与立体效果；

　　——服装造型的细节表现应尽可能地传达出服装款式设计的廓形特点、工艺手法、结构处理等具体细节。

克利斯汀·拉克鲁瓦　作品

1.1　上装的造型表现

1.1.1　衣领的造型表现

衣领最靠近人的脸部，与脖子的关系极其密切，因此在进行不同领型的造型表现时要充分考虑到脖子的结构特点及运动规律。在表现较夸张的领子时还要考虑到颈部与脑袋及肩部的关系。

套脖领的造型表现

套脖领根据造型不同会有很多的形态。紧的套脖领其领子与脖子之间的空隙比较少，在表现手法上基本是紧随脖子的角度发生变化，不同薄厚的材质在外围线型的表现上会同薄的面料有区别。松垮的套脖领在形态表现上其特征会弱化，呈现的状态更接近于面料堆积的感觉，线型表现更加随意，弧度状态变化也比较丰富。

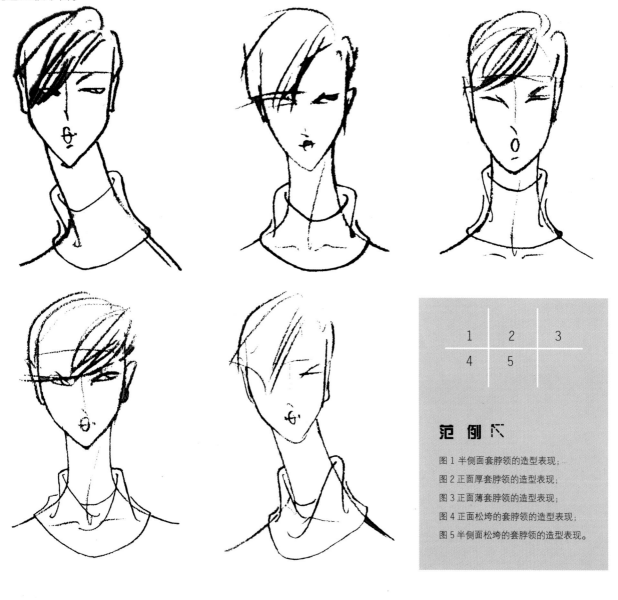

1	2	3
4	5	

范　例

图 1 半侧面套脖领的造型表现；

图 2 正面厚套脖领的造型表现；

图 3 正面薄套脖领的造型表现；

图 4 正面松垮的套脖领的造型表现；

图 5 半侧面松垮的套脖领的造型表现。

衬衫领的造型表现

衬衫领是小立领＋不同形态领面的组合，所以它的上围线表现很贴近紧的套脖领的表现手法，同时，不同开合状态及角度下，衬衫领会呈现更加复杂的形态。

西服领的造型表现

西服领的上领面有一个小的领台式结构，所以它跟脖子的接触状态类似于衬衫领，下领的表现重点是展现"翻"的效果，不同厚度面料的西服领在线型表现上会有小差异。

技巧 ↘

面料的厚度表线是通过靠近脖子位置的领子内侧线和外侧线之间的距离来调节，距离越近代表面料越薄，距离越远则面料越厚。

中心线指的是从颈窝到肚脐之间的连接线，我们通常把它看做是人体左右对称的对称轴，在服装款式表现的时候都需要以此为参照线。比如，在表现衣领时，领子外延弧度的最低点应该在中心线的位置，扣子的位置也应该在中心线所在的位置上。

赏析 ↖

上图画面中不仅表现了领子的形态，还表达了领子的材质，丰厚蓬松的毛领与轻薄柔软的纱质面料系结组合，带给画面更丰富的视觉层次。领子的造型表现充满力量感，外廓线节奏强烈。

下图画面中男装的狐狸毛皮披肩张扬而充满节奏的律动，我们可以通过画者灵动、随性而高度概括的笔触感受到狂野与柔美并存的对比效果，该画面的裘皮表达首先要注意毛绒的色彩变化与肌理效果，再用轻快有序的线条勾画毛针的细节，即可体现出裘皮的特征。

1.1.2 袖子的造型表现

上袖的造型表现：上袖是服装中最常见的袖子类型，对于该袖型的表现重点在于袖窿线的位置及关节部位的表现。

插肩袖的造型表现：在运动装当中经常可以看到插肩袖的造型，该袖子的结构特点非常适合胳膊的活动要求，对该袖型的表现重点在于展示其方便活动的特点。

落肩袖的造型表现：落肩袖也是一种能让胳膊自由活动的袖型，对该袖型表现的重点是通过其肩部的线型及宽松的袖身传达出一种轻松随意的东方气息。

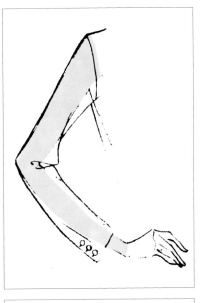

图1

图2

图3

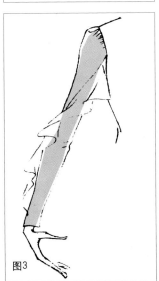

　　胳膊最擅长传达肢体的情绪，它的肢体表情非常丰富，相对于脖子它拥有更灵活多变的活动空间，因此在进行袖子的造型表现时首先要了解胳膊的活动轨迹并根据不同袖型特点找与其相配的肢体造型。

　　对于表现如泡泡袖般体积感较强的造型，在上色时适当地留白处理不仅可以丰富泡泡袖不同角度的造型变化，而且会增强泡泡袖轻盈的感觉。

赏　析

上图画面中通过光影的细节处理及线条的弧度安排赋予了泡泡袖丰满而又轻盈的形态。

下图画面袖型表现准确，通过线条、色彩处理赋予袖子飘逸、通透的质感。

1.2 下装的造型表现

1.2.1 裙子的造型表现

　　服装中裙子的造型非常多样，裙子也最能够最好地体现女性肢体的美感或掩盖女性的肢体缺点，对于裙子的造型表现要充分考虑腿部的肢体形态，应该根据不同裙子的款式风格及造型特点搭配以与之相配的腿部造型。

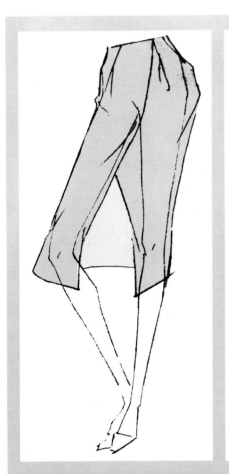  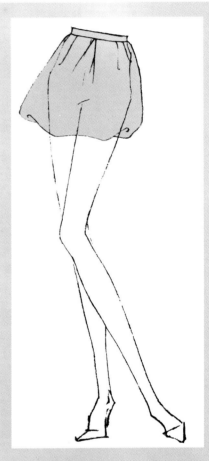

紧身裙的造型表现：紧身裙的造型特点是指裙子紧紧包裹于人体之上的款式，服装的外形线条应紧随肢体的变化而变化。

A型裙的造型表现：是一种上紧下松的款型，在进行表现时要同时表现松和紧两种不同的造型特征。

泡泡裙的造型表现：泡泡裙的表现重点是一种空气感的表达，在表现时要注意线型的语言传达。

技巧

　　在服装造型表现中，立体感的塑造方法多种多样，我们可以通过颜色的明度变化来表现，也可以通过线条的曲线走势及密度变化来展现，不同的表现手法呈现出多种多样的立体状态。

赏析 ↗

上图华美的线条展示出如梦如幻的蓬蓬裙，如丝般娟秀的线条做着优美的弧度排列，画面中羽毛散发着贝壳般的光泽，两种同样绚丽的材质让画面的美变得绚烂非常。

下图A裙的裙摆飞扬、充满空气感，裙身自由流动的褶皱不仅展现了风的力量，同时也塑造着优美的形体，面料上绚烂的花纹迎合身体的曲线随光线流动，发动、裙摆动、身动——所有这一切都完美地静止于一瞬间。

1.2.2 裤子的造型表现

　　裤子的造型表现要充分考虑到腿的活动特点及造型美的一般规律，腿部的动态必须以更好地传达各种造型的裤子特点为前提。另外，由于裙子或裤子腰部位置的不同及高腰、中腰和低腰三种不同腰部位置，且腰位同流行的关系密切，所以在服装造型表现时不仅要注意腰部的松量差异，还要注意腰位上的变化。

紧身裤的造型表现：服装与人体之间的空间很小或没有，裤子紧裹肢体，服装造型基本接近腿部的造型效果。

西服裤的造型表现：比紧身裤宽松的造型，也是经常见到的裤子形态，在造型表现时要注意关节部位的表达。

卷脚裤的造型表现：是一种腿脚部收口的造型形态，也是近几年流行的一种时尚造型。

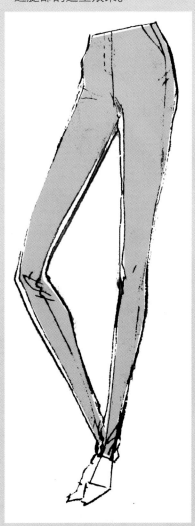
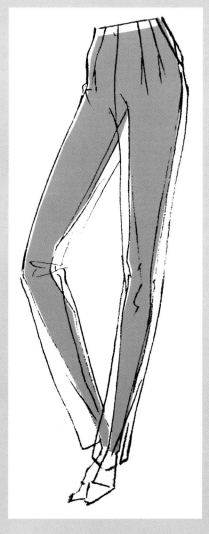
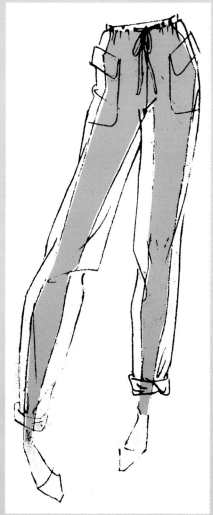

技巧

穿着状态：同样的款式因为穿着方式的不同会呈现不同的时尚态度，卷脚裤正是近几年流行的穿着方式，服装造型表现不仅应该传达出各个款式的结构特点及其与人体的空间关系，而且应该表现出穿着方式上的时尚气息。

赏 析

上图出自德国服装设计师手稿，作者用线简洁随性而充满节奏感，不仅传达了服装款式的造型与风格，而且表现出裤子的设计细节及材料的特征。线条流畅、概括，结构比例刻画清晰，反映了作者率性自由的表现技巧。

1.3 衣纹造型的表现

人体由于肢体特点及肢体的运动姿态不同会产生各种各样复杂的衣纹，但在服装表现中，我们需要对衣纹进行归纳整理，所有的衣纹以能够传达某一信息而存在，衣纹的产生是由于人体结构在动态造型的情况下，所表现的自然而不固定的褶皱。大多衣纹出现在人体四肢的关节部位，要想准确地通过衣纹反映出人体动态造型及服装款式特征，首先要仔细地观察着装动态下的衣纹特征及规律，但在表现时要省略、减弱你所见到的大部分琐碎衣纹。服装衣纹也由于面料质感的不同，呈现疏密、强弱、长短、大小的不同形式，所以服装衣纹的表现是否得体，不仅能体现出服装款式的设计效果，同时还可以反映服装面料的质感与风格。我们将衣纹所要传达的信息归为三大类：

第一：以表现关节部位为主的衣纹。

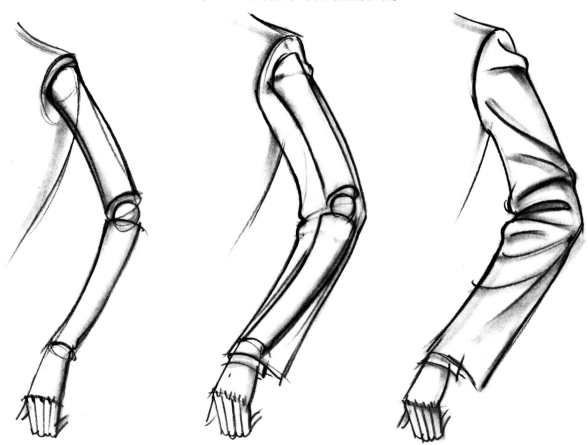

解读 ↗

以表现关节部位为主的衣纹：人体的主要关节有肘关节、腕关节、膝关节，以表现关节部位为主的衣纹是以对每一种关节角度变化及形态特点进行归纳之后而形成的一种相对模式化的表现方法。

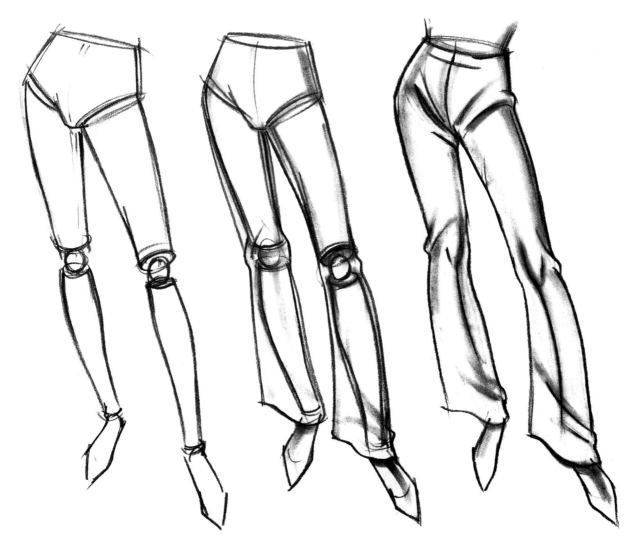

　　衣纹是服装中必不可少的客观存在，对于偶然性的衣纹要合理地运用，对于服装结构上的衣纹要准确表现，衣纹可以是美感、情绪、风格的载体，它可以成为提升画面的艺术氛围的重要手段。

　　裤子的画法跟人体腿部的结构造型有很大关系，在表现时，要根据人体腿部的骨骼、肌肉、关节的运动规律及动态造型，来确定裤子与人体腿部的贴合关系，并准确地反映出褶纹的位置，即可用简练的线条把它表现出来。

　　要想画好服装的明暗关系，首先要反复观察各种不同质感肌理的服装面料，以及着装状态下的成衣在光影下的变化及特点；再根据人体的结构造型，将明暗关系表现在人体结构造型转折的位置上，这样既能体现着装后的立体效果，又能通过不同的明暗位置及面积反映出服装面料的特征。另外，出现衣纹的部分及位置，也应通过明暗关系，强调其起伏的立体效果。裤子与裙子一样，要注意腰线的位置及透视线的造型。

第二：以传达身体动势为主的衣纹。

解 读 ↗

以传达身体动势为主的衣纹：这种衣纹以传达身体各个部位的动势为主，它会加强肢体的表现语言，对形体美的表达起到非常好的强调作用，这种衣纹多主要以表现上身躯干、大腿的动势为主。

第三：以表现服装结构为主的衣纹。

范例 7

以表现服装结构为主的衣纹：服装中会造成衣纹的造型手法多种多样，常见的有抽褶、折叠、堆积，等等，不同的造型手法产生的衣纹在表现手法处理上会有不同，但所有的衣纹最终都需要理性的归纳及整理，最终都要能准确地传达设计意图。

左图：裙摆处流畅的线型既是对于服装款式的表现，飞起的衣摆也传达出一种静态中跃跃欲起的情绪。

右图：画面中衣纹的表现丰富，线条干脆流畅，传达出一种率性、随意的绘画风格。

2．廓形的造型表现

　　服装廓形的特点、风格等方面的信息主要通过服装外部的轮廓造型表现来传达，所以对于廓形的表现会直接影响到视觉传达的准确性，服装与人体间的空间把握是廓形表现的重要方面。廓形是对服装外部造型的剪影，对服装流行趋势的分析多从廓形着手，服装史中对于各个历史时期服装特点的分析、表述也多通过廓形进行描述。

2.1 A 型服装的表现

A 廓形的特点是上窄下宽，在廓形表述时我们也常称之为正三角形。设计师在表达时常常以裙子造型及连衣的服装设计。

2.2 H型服装的表现

H廓形的特点是衣摆同肩宽，腰部松身设计，造型特征偏中性，在廓形表述时我们也常称之为箱形。

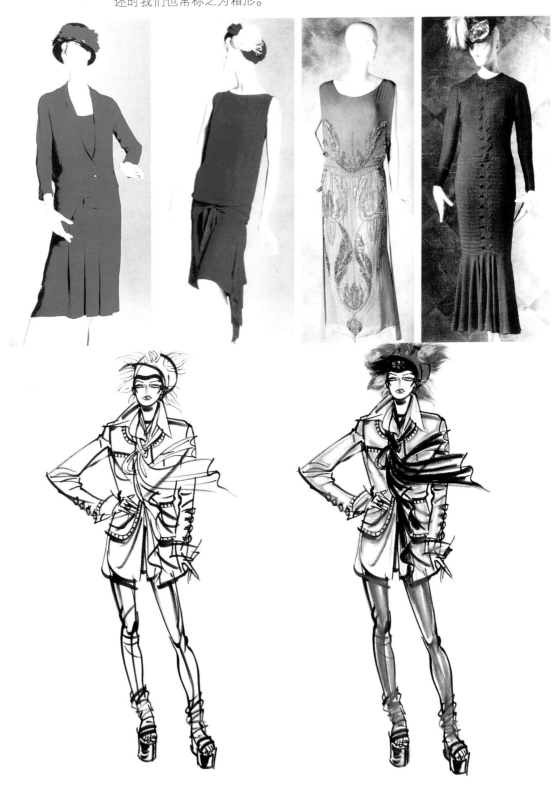

2.4 T 型服装的表现

　　T 廓形的造型特点是肩部夸张、衣摆收拢。在廓形表述时我们也常称之为倒三角形。

2.5 O 型服装的表现

O 廓形的造型特点是肩部圆润、腰部宽松、衣摆收拢。在廓形表述时我们也常称之为橄榄形。

思考与练习

1. 练习勾画领子、袖子及下装等局部造型。

2. 参照服装资料，画出 A、H、X、T、O 五种廓形的服装效果图。

鲁迪·简莱什 作品

—— 第五章 ——

服装面料与系列
设计的表现

第五章 服装面料与系列设计的表现

1. 服装面料的表现

　　服装面料的材质包括材料与质地两部分，一般材料指面料物质的类别，其服装材料主要是纤维制品，如棉、麻、丝、毛及化学纤维等织物；质地是指纤维纱线编织而成的纹理结构和性质，如厚、薄、轻、重、粗、细等。服装面料肌理的表现不仅能够使服装造型的表现更准确、更丰满，而且也是展示表现风格的重要手段，各种服装面料的质感有厚重的、挺括的；相反有轻薄的、飘逸的；其纤维特征有长短、粗细、疏密之分，还有经处理后呈起毛、缩绒等各种风格。

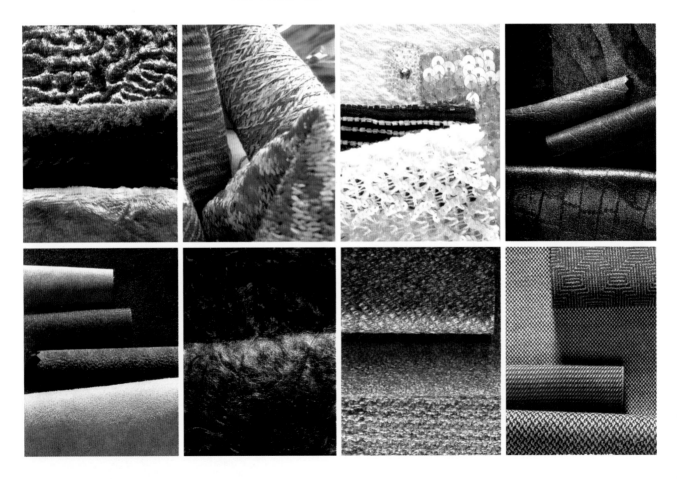

　　在表现时，应以底色的浓淡、线条的粗细等相应手法来描绘，刻画的顺序可先上底色，再根据面料肌理的变化按其特征刻画出不同质感的效果。另外，初学者在表现时，首先要抓住其面料的七种肌理特征：1.厚薄程度；2.软硬程度；3.粗细程度；4.反光程度；5.松紧程度；6.起毛程度；7.轻重程度。以下我们将通过针织面料、梭织面料和裘皮材料的表现作具体的介绍。

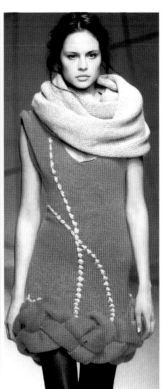

1.1 针织类材料的表现

　　针织服装的特点是：材质柔软，伸缩性强，富有弹性，宜于活动；肌理与纹样鲜明突出，通常用来制作运动服、休闲服和贴身内衣。当今，也通常把针织面料和编织好的针织片裁剪后缝制成时装，深受消费者欢迎。

　　一般针织产品大体分为两类：一是用圆机织成像梭织物一样的桶状针织面料，其幅宽各不相同，往往根据设计来裁剪缝制，制作成的服装叫做可裁制的针织服装；二是开始就按照所设计的服装造型用横机织成的针织物，像套头式的毛衫或开襟式的毛衫都属于此类产品。所以，我们在表现针织服装的效果图或款式图时，首先要注意其造型、纹样及肌理特征，并要借助人体的外形曲线变化来表达针织服装的弹性与垂感，另外要注重表达针织服装的针法工艺的纹样效果。针织面料的质感表现重点在于其织纹的表达，通过对织纹的表现展现一种半立体的浮雕效果，常见的造型工具有蜡笔、油画棒和水粉、水彩的组合。

KNIT PATTERN 07/08 A&W

赏 析 ↗

此幅效果图作者运用了综合技法来表现，用线简洁严谨，较好地体现
了人体动态与针织服装款式的造型关系，在男女针织衫的图案表现上
用线准确简洁，恰到好处地描绘出了纹样特征与肌理效果。

1.2 梭织类材料的表现

梭织服装的特点是：材质肌理变化丰富，其服装阔线突出、结构分割明显。梭织面料的拉力与针织面料相比较弱，故而款式图的表达一要表达出服装的外轮廓线，二要表达出内部结构的分割特点，三要注重表达设计细节的工艺效果，另外梭织服装的面料肌理与图案纹样也是非常重要的。

轻薄类雪纺、薄纱及丝绸等面料的肌理表现：一般此类面料最大的特点是轻盈、通透，飘逸感强。其表现手法常见的有水彩、水粉渲染或先采用油画棒勾画出面料的图案，再用水彩平涂，即可表现出轻薄面料的效果。另外，丝绸面料的表现，要突出的是光泽感与柔顺的质感，这是丝绸面料的特点，常见的表现手法是水彩或色粉笔渲染，但必须在反光处留白，通过色彩的自然过渡及反光的处理，即可表现出该面料的质感效果。

厚重类羊绒、毛呢、牛仔等面料的肌理表现：一般作为春秋两季或冬季服装的用料。它的种类较多，其特点丰富突出，如粗纺、牛仔、棉麻、毛呢等，面料挺括、粗犷、结构组织清晰明显；羽绒、棉服类则表现出蓬大、松软、轮廓圆浑的特征。所以在表现上，要抓住其鲜明突出的外形特征加以表现，用线要大胆自然，特别是外观圆浑蓬大的防寒服类，要强调表现其绗缝所形成的肌理变化，将服装上出现的一块块凹凸起伏的效果，用线、面结合的形式反映出来。

赏 析

这是两款涂层材质的外衣，画面整体效果和谐统一并富
有变化。用线随意而准确，为了强调突出其面料质感，
在重点部位有意加重款式的外形廓线，作者同时运用有
色透明膜结合的方式来表现面料厚挺及悬垂，是十分巧
妙而生动的。

赏 析 ↗

作者用笔灵活而流畅，人物动态舒展，适于表现服装的整体造型特点，面料上的图案处理丰富而不凌乱。同时，作者用极概括的线条归纳简化服装因人体造型而产生的褶皱，并在此略加明暗就生动地表现出了轻薄面料的质感。画面人物与动态造型的处理简洁而统一，裙子的表现简洁而利落，较好地突出了面料的悬垂与反光效果，同时还将裙子的结构造型表现得十分严谨。

1.3 裘皮革类材料的表现

　　裘皮服装的特点是：蓬松、柔软、厚重，皮毛的长度、密度变化较大，其成品外形廓线不够清晰，但不论裘皮服装的肌理、造型多么复杂、特殊，只要我们注意观察，了解面料的结构特征、外形状态及着装后的造型效果，特别是在表现时，抓住明暗变化较大的部位，根据其结构形态，重点表现一簇皮毛的毛绒与毛针特点，就能将裘皮的肌理效果准确地表现出来。

　　皮革服装的特点是：材质挺括，肌理丰富，反光突出，悬垂性较弱，服装外形与结构分割明显。故而款式图的表达首先要突出表现皮革的反光效果与肌理变化；二要表现出结构分割的设计特点；三要注重表现明线的位置及细节的设计要求，另外皮革服装多与裘皮相搭配，皮毛的肌理表现也是非常重要的。

　　毛皮面料的肌理表现：毛皮材质种类丰富，如水貂毛、狐狸毛、兔毛、鸵鸟毛……毛皮造型的表现多样，在进行该材质的表现时重点要表达其蓬松、柔软的特点。

范 例 ⑤

首先，用黑色油画棒用力图画帽子与裤子的皮革背光部分，在皮革反光处用湖蓝色的油画棒先概括式的
勾画。用肉色、橙色表现出人物的肤色，再用蛋黄色在上衣部分作概括式的处理，再使用橙黄色油画棒
按面料纹理与褶皱特点进行勾画，最后再用黑色勾画豹皮纹的黑斑图案。最后用蛋黄色、橙红色深入刻
画上衣的肌理效果，用青莲色描绘出围巾的阴影部分，最后针对面部化妆及皮革部分，做进一步的刻画。

皮革面料的肌理表现：皮革材质种类丰富，如羊皮、牛皮、蛇皮、鳄鱼皮等，对皮革的造型表现手法多样，常见的有水粉渲染、马克笔造型、色粉晕染等，在进行该材质的表现时重点要表达其光泽感及挺括感。

使用工具：马克笔、不透明性水彩、彩色水溶性铅笔、钢骨纸

赏析 ▸

这是一款毛革服装，虽然只用马克笔，但毛绒的纹理、蓬松、厚重的肌理效果却表现得非常逼真；人物头部造型及眼神的刻画与此款服装相得益彰，彰显了自信、狂野的整体着装效果及设计理念。另外，作者用简洁严谨的线条配合有色透明膜，来刻画内衣与牛仔裤，使整个画面在蓝紫色调中相互衬托，突出了整体的着装效果。

图1

作者：叶慧敏

图2

图3

点 评 ↗

以上作品均为学生课程作业，画面人物动态与服装造型的整体
表现准确详细，用色恰当丰富，较好地体现了服装面料的肌理
效果，准确地传达了服装效果图中所需要的信息与内容。

图1 使用工具为色粉＋签字笔＋透明性水彩＋擦笔

图2 使用工具为水溶性彩色铅笔＋不透明性水彩

图3 使用工具为炭铅＋色粉＋擦笔

2. 系列服装设计的表现

　　在系列服装设计中，一般包括两种形式：一种是服装公司根据品牌定位、流行趋势和设计理念针对目标市场和消费者所进行的产品系列设计。比如，一个系列要运用三至四种配色，款式上由几条裙、几条裤及几件同种风格的外套、夹克组成，每个系列中的套装都能自由组合、相互搭配。另一种是参加服装设计大赛所表达的系列设计，设计者往往要根据大赛的设计要求及概念主题进行设计，这里一般分为带有创意的概念设计也有成衣化的男、女装系列设计、休闲装设计、运动装设计、针织服装设计、裘皮革服装设计、内衣设计及礼服设计。在系列服装设计构思中，往往根据主题将最初的构思先用草图表现出来，再经过款式廓形、结构线条并结合面料和色彩的搭配，最终完成系列设计的创作过程。

　　初学者在完成系列服装效果图的表现中，必须凭借长期的练习，认真总结经验，不断地完善表现技法，只有这样才能将系列设计的构思准确地表达出来。

Victor Horsting & Rolf Snoeren的系列服装设计作品

Antonio Berardi的系列服装设计作品

2.1 女装系列效果图的表现

女装顾名思义女性的服装，女性颈部纤细、肩窄、身体曲线凹凸有致，体型廓线的特征是为X型。表现的重点在对胸、腰、臀曲线的塑造。主要分为上衣、夹克、风衣、斗篷、大衣、连衣裙、半裙、长裤等类型。以休闲、时尚、都市、前卫、中性等风格为主。

在表现女装系列设计效果图时，一般采用俯视的角度去表达，往往视点在腰部以上，这样使表现出的女性造型更富有动感效果，能够更好地体现出女性的柔美及身体的曲线。

范 例 7

(1) 人物面部化妆与头部装饰物的色彩、造型表现;

(2) 手臂装饰物与流苏的色彩、造型表现;

(3) 服装肩部结构与图案纹样的色彩、造型表现;

(4) 纱质裙摆结构与腿部装饰物的色彩、造型表现。

此系列服装设计的主题为《日出东方》,该幅作品设色艳丽丰富,面料质感的表现细腻自然,服装造型的刻画严谨简洁,人物造型组合富有韵律,整幅效果图的画面表现完整统一,用线生动流畅,较好地体现了设计构思的概念主体。对于初学者而言,熟悉掌握绘画工具性能及表现效果,是画好一张服装效果图的成功关键。

作品使用画具:黑灰色油性马克笔、金色漆笔、色粉笔、水溶性彩色铅笔、擦笔、高级复印纸、黑卡纸。

赏　析 ↘

此系列服装设计的主题为《祥云》，该幅作品构图丰满，形式完整，人物性格与面部化妆和发型的刻画生动而丰富，面料质感特征的描绘准确而细腻，并在服装造型与细节的处理上深入、严谨、具体；整幅作品较好地表现出了作者的设计理念与创意形式。

作品使用画具：水溶性彩色铅笔、黑灰色油性马克笔、擦笔、水彩纸、灰色卡纸。

主题：暗影《潮流时装设计——女士时装设计开发》

主题：低调《潮流时装设计——女士时装设计开发》

主题：复苏 作者：张馨元

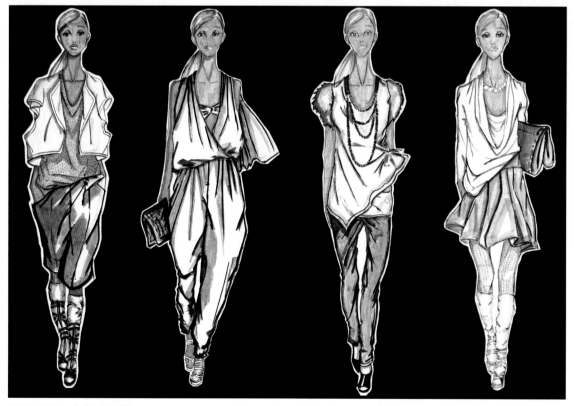

主题：回归 作者：孙晓航

2.2 男装系列效果图的表现

男装顾名思义男性的服装，男性颈粗、肩宽、肌肉发达、四肢粗壮、上宽下窄，体型廓线的特征是为 Y 型，表现的重点在于对肩部与后背曲线的塑造。

男装主要分为西服、衬衫、背心、夹克、风衣、长裤等类型，以休闲、商务等风格为主。

在表现男装系列设计效果图时，一般以仰视角度去表达，往往视点在腰部以下，这样更容易体现出男性的阳刚、坚毅的气质，且造型的稳定性较强。

系列服装泛指在同一设计概念下，所设计的数款不同造型的服装，它们或种类相同或种类不同，但总是围绕着一个设计主题，在今天的服装设计大赛中，不论男装或女装一般都是以系列服装为主，其中还包括服饰、包、鞋、袜的搭配。

设计系列服装时，注意将男装或女装的发型、配饰、设计要素统一化，使其有很好的整体感，但在每套服装的细节设计上又要突出各自的特点，使整套系列服装充满跌宕起伏的韵律美感。

D&G的系列服装设计作品

D&G的系列服装设计作品

范 例 ↘

具有硬挺质感的牛仔面料,很难表现出身体动态的造型下细腻的曲线起伏,所以,在表现时要用硬朗、粗犷的线条来描绘牛仔服装的结构特征。在着色之前应取得最佳的构图效果,并用铅笔认真地勾画出人物与服装的轮廓及细节,然后用色粉笔渲染服装的区域,并利用纸的白色来表现水洗牛仔的退色效果。

技 巧 ↗

首先用铅笔画出人物的着装造型,线条笔触一定要肯定简练,用笔要干净利落,其次要处理好线条的粗细变化。

用色粉笔将人物面部和手部的肤色、服装褶皱部分及背光部分进行概括式的处理,注意在表现时要突出服装面料的肌理与款式的造型特点。

再用蓝灰色调整服装的整体色调,表现出人体动态下的服装造型效果,注意服装的局部亮面一定要留白不画。

最后对人物面部进行细致的刻画,这样才能使人物与服装达到整体效果,并对红色、白色、黑色渲染出背景部分色彩。

赏 析 ↗

此幅系列服装设计的主题为《接天》，是作者1998年在香港理工大学学习时的设计作业，在效果图的表现中，人物性格突出，动态造型严谨，设色浓重统一，服装结构清晰明确，面料质感及图案纹样的刻画细腻丰富，以写实的手法，较为准确地体现了主题的设计意境与创意理念。

主题：欢庆《潮流时装设计——男士时装设计开发》

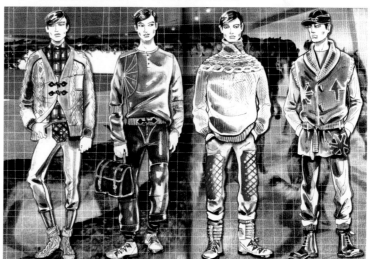

主题：低调《潮流时装设计——男士时装设计开发》

思考与练习

1.通过市场调研，选择 6 ~ 8 款某商务男装品牌的成衣产品，经过对色、形、质及结构工艺的观察与研究，画出符合生产要求的款式图。

2.模拟一时尚女装品牌，画出一组 5 套以上的女装系列彩色效果图，并附灵感源、主题、设计构思、面料小样以及服装款式图。

主题：冰河世纪　　作者：赵华志

安东尼·鲁匹兹　作品

第六章 服装效果图解读

1. 设计概念的解读

1.1 设计与设计概念

设计，来源于拉丁语的 Designare，原意为构想、画记号。对应词典《WEBSTER》中 design 一词，其动词解释为：在头脑中的想象、计划；打算、企图；就特别的机能提出设想和方案；为达到既定的目标而创造、计划和计算；用符号、记号来表示等。名词解释为：针对目的，在头脑中描绘出来的计划或蓝图；事先画出来的，将要被实际制作的物体的草图或模型；制作艺术性的动机，意义上的线，对部分、外形和细部的视觉整理和配置等。日本服装专家村田金兵卫认为："设计即计划和设想实用的、美的造型，并把其可视性地表现出来，换句话讲，实用的、美的造型计划的可视性即设计。"川添登在《什么是设计》一文中指出："所谓设计，是指从选择材料到整个制作过程，以及作品完成之前，根据预先的考虑而进行的表达意图的行为。"

设计概念，就是将设计所要表达的内容的本质特点抽取出来，加以概括并用简单的语言说出来。

服装设计概念，就是以企业和品牌所追求的形象为前提，对各方面的信息进行分析、取舍，把设计师想表达的中心思想和具体内容，通过文字、图片、色彩、面料、图样等形式表现出来，这个过程就是提出设计概念，根据这个设计概念企业进行服装的设计、生产和营销等活动。

1.2 设计概念的解读

确定设计概念一般要经历以下几个过程：

信息收集

服装行业是一种信息产业，服装企业要依据各种信息来研发新品、组织生产和实施营销策略。信息的收集主要包括行业信息、市场信息、生活信息和社会信息四个方面。

信息分析

收集信息的目的是为了使用信息，因此必须对所收集的信息进行整理和分析，并从中提取对服装设计和营销有价值的信息。其方法主要包括归类、筛选、挖掘和应用四个过程。

设计概念的确定

设计概念的提出并不是由设计师或是企业决策人员的主观意愿和喜好决定的，而是根据信息的收集和分析，结合本企业的经营策略和本品牌所追求的理念以及下个季节具体的商品计划为基础做出的选择。

设计概念一经确定，就可以为近期的设计和营销工作确定十分明确、清晰的方向，而且原则上一个成熟的基本概念不应轻易改变。也就是说，每个季节的设计概念的提出，都不能脱离品牌的基本概念。只有保持品牌形象的基本稳定，才能保持品牌稳定的市场占有率；只有每个季节都有新的设计概念，品牌才能有所发展和充满活力。因而，设计概念的确定，一定要稳中求变，既要统一在同一品牌风格之中，又应具有丰富的变化。

系列皮装设计《丝路花雨》
范例一 设计概念与灵感源

设计概念图的制作

设计概念图，就是对下一季的设计概念进行的图示和诠释。设计概念图一般的制作方法多种多样，一般要求图文并茂，必须包括主题、色彩、面料和造型四个方面的主要内容。

◆主题：设计概念图中的主题是服装设计的中心思想，要通过简单准确的语言进行概括，同时使用一些相关的照片和图片对主题进行诠释。概念图的制作要注重画面的艺术性和趣味性。

◆色彩：根据设计主题选择相应的色彩，并提出配色方案。设计概念图的色彩表现要包括文字说明、服装形象照片和色卡三部分。色彩的选择一定要与设计主题相吻合。

◆面料：根据设计主题选择相应的面料样卡。面料的选择要注意面料的流行、织物的风格和性能等因素，要有简单的文字说明。

◆造型：根据设计的主题确定服装的基本外形。设计概念图的造型表现，既要画出服装的基本廓形，又要画出简略的服装款式，还应该加入一些文字说明，力求直观形象地把服装最基本的造型特征表现出来。

系列皮装设计《丝路花雨》 范例二： 设计效果图

2. 款式造型的解读

2.1 款式与造型

款式,指格式、样式。服装款式,是指构成一件衣服形象特征的具体组合形式。这里包括了衣领、大身、袖子、口袋等形态,也包括了它们之间的相互关系。

造型,具有动词和名词双重含义,作为动词是指创造的过程;作为名词是指创造的结果。例如,一块面料不叫造型,当我们把它缠绕在人体上,就形成了服装,其过程和其结果便可称之为"造型"。从这个意义上说,造型指的是占有一定空间的、立体的物体形象,以及创造这个立体形象的过程。

服装的款式和造型,常常是指一件服装的两个方面。款式多指服装的细节样式和组合形式;造型多指服装的外观状态和总体形象。二者合二为一,构成服装完整的形象。因此,款式造型常常合在一起使用。

2.2 设计元素解读

设计元素就是组成设计的最小单位,是设计的基础。服装的设计元素包括面料、色彩、廓形、细节等。它们是所有服装产品设计的根本。

2.2.1 面料

服装材料是指构成服装的一切材料,服装材料按其在服装中的用途分成服装面料和服装辅料两大类。服装面料是指体现服装主体特征的材料,它是构成服装的主要材料。服装面料主要是纺织品,不同的材料由于其本身特有的组织结构,各种材料的纤维原料、织造方法、加工整理的不同,因而产生的肌理效果也不相同。归纳起来有:轻重感、厚薄感、软硬度、疏密感、起毛感、光泽感、湿润感、凹凸感、透明感、起皱感、松紧感等。这种感觉概括起来称为肌理。肌理包括视觉肌理和触觉肌理等。掌握材料的性能是创造服装美的物质基础。除此之外还有天然裘皮、皮革、人造裘皮、塑料薄膜、橡胶布等。

服装面料的不同风格直接影响服装设计的风格。同时在选择服装面料时还要考虑服装的功能性和视觉美感要求,着装者的性别、年龄、体型和特殊要求等。

2.2.2 色彩

莫奈说过:"色彩是破碎的光",生活因为有了色彩才变得如此斑斓。服装色彩是服装设计的重要因素之一,服装色彩设计的最终目的,就是要寻找一种和谐的服装色彩搭配效果。所谓服装色彩的和谐,也就是通过服装色彩的组合搭配而使人产生愉悦感。

服装色彩设计的原则是:和谐统一之中富有变化。也就是说服装的整体色彩要和谐统一,局部要有丰富的色彩变化,给人舒适而不乏味、跳跃而不杂乱的感觉。

图一　图二　图三　图四

设计说明书

本系列以回归复古为主题，以沧桑、斑驳富有历史感的中性色为主色调，以25岁——35岁白领女性为主要设计对象，对风格追求独特性、时尚性和对品质追求的高标准的唯一性。在设计中，迸发的灵感往往来某个细节上的触动，富有立体感的民族装饰纹样含蓄而富有个性，手工工艺的风格无处不在，为整系列增添独特细腻的魅力，演绎出大漠驼队、繁华丝路的传奇与风情。选用优质的超薄绵羊皮，采用国际最新流行的蜡染皮革技术，为视觉效果带来独特的不可复制的怀旧风格，强调高品质，让色调与质地、色彩与肌理、视觉与触觉和谐而统一，透出神秘而优雅的韵味。对于成品的后期整理，则融入很多现代的工艺和手法，如激光镭射、做旧、水洗、蜡染等，局部的细节处理和立体图案的装饰变化，让风格更加自然和有品位。经典的"X"廓线被重新演绎，重点突出女性的曲线美，民族元素被运用到设计中总是带来神秘感和新鲜刺激，装饰图案和繁琐的手工工艺让服装更具欣赏价值与折服，彰显出时尚知识女性独有的率真气质及充满东方之美的神秘气息。

系列皮装设计《丝路花雨》　范例三：　设计款式图

色彩的情感运用：色彩是具有丰富的情感象征的，不同的色系、色调使人产生不同的联想，因此也会带来不同的情感感受。例如：红橙色系给人热情、甜蜜、吉祥、神秘、幸福之感；蓝绿色系给人沉静、酸涩、平和、畅通之感；高明度色调给人明亮、轻盈、柔软、薄透之感；低明度色调给人低沉、压抑、恐怖、沉重、坚硬之感。在服装色彩设计中要根据不同的设计主题，所要表现的不同设计风格，采用不同色彩搭配。

色彩设计的方法：首先应该注意色相的运用，在同一套服装中不要采用过多色相，否则会给人杂乱的感觉。其次，在不增加色相的前提下，为了增加色彩的丰富感，可利用同色相色彩的明度差别和纯度差别来增加色彩的层次感。再次，服装色彩设计中要善于使用无彩色（黑、白、灰、金、银）搭配，它们在色彩搭配中既能起到点缀作用，也能起到调和作用。

2.2.3 廓形

服装廓形是指服装正面或侧面的外观轮廓。任何服装造型都会拥有各自的外轮廓。用外轮廓表示服装造型可以舍弃烦琐的服装款式细节，以简洁、直观、明确的形象，迅速地反映服装造型上的本质特征。因而，用服装廓形研究和发布服装流行趋势，已经成为国际惯例，这样可以十分明确地反映每年每季服装流行的总体特征。常用的廓形表示法主要有以下四种：

字母表示法：A型特征、H型特征、X型特征、T型特征等。

物态表示法：气球型、吊钟型、喇叭型、花冠型、桶型、箱型等。

几何表示法：三角型、梯型、长方型、椭圆型等。

体态表示法：长身型、苗条型、丰满型、健康型等。

2.2.4 细节

成功学理论提出了细节决定成败的理念，服装设计中的细节处理也是吸引消费者的重要因素。服装设计中注重细节设计，是服装美学、服装功能上的共同需要。例如，女式衬衣前胸的褶裥、裙装或礼服的镶边以及领子、袖子、口袋等部位的变化都是服装设计中取胜的关键。特别值得提出的是，细节部位的点缀也是不容忽视的重点，如特种纽扣、异型拉链、特殊工艺的使用等。

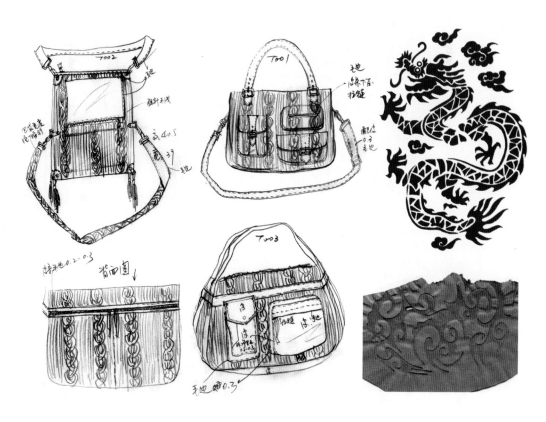

系列皮装设计《丝路花雨》 范例四： 设计细节图

3．结构工艺的解读

3.1 结构与版型解读

3.1.1 结构

　　与英文structure同义，原意为组成整体的各部分的搭配和安排。服装结构，即组成服装款式与造型的各个部分与零部件的搭配与安排。服装结构与人体外形有着直接的关系，研究服装结构的目的是为了使服装最大限度地满足人体外形的需要。

3.1.2 版型

　　是指为制作服装而制订各种结构造型的样板，是表达设计构思的重要途径之一，为分析款式进行服装整体造型与局部造型、省缝与分割线等细节的设计与变化处理，必须与制作工艺时达到统一，它包括净版、毛版、里布版和系列板。

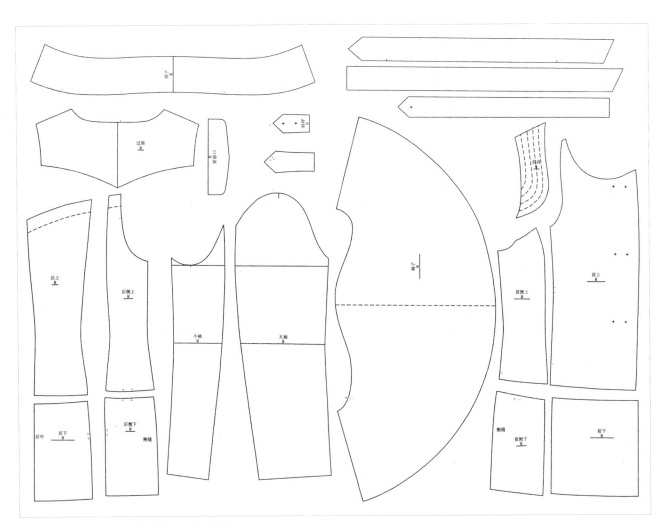

系列皮装设计《丝路花雨》 范例五：版型设计

系列皮装设计《丝路花雨》 范例六：白坯布样

3.2 服装工艺的解读

服装工艺是指通过手工或设备将服装裁片缝合、烫整制作成为成品的技术。服装工艺是体现服装高档、精良的重要标志之一。它主要包括机缝工艺、手缝工艺和熨烫工艺。

3.2.1 机缝工艺

使用缝纫机缝制服装的技术，称之为机缝工艺。其特点是：速度快、针迹整齐、美观。机缝技法很多，仅机缝的常用缝型就有几十种，如平缝、分缝、分缉缝、搭缝、来去缝、内包缝、外包缝等。主要设备有高、中速平缝机和各种特种机器，如锁边机、开袋机、打结机、链式机等。

3.2.2 手缝工艺

是服装缝制工艺的基础，是现代工业化生产不可替代的传统工艺。当今，尤其是在加工制作一些高档服装时，有些工艺必须由手缝工艺来完成。手缝工艺的工具很简单，主要是手针和各种材质的线，但手缝的技法却很丰富，除了具有很强的实用功能外，还能够带来非常好的装饰效果。

3.2.3 熨烫工艺

熨烫是服装缝制工艺的重要组成部分。服装行业常用"三分缝七分烫"来强调熨烫的重要性。熨烫贯穿于缝制工艺的始终。特别是服装行业所谓的"推、归、拔"工艺，利用衣料纤维的可塑性，改变纤维的伸缩度，以及织物经纬组织的密度和方向，塑造服装的立体造型，以适应人体体型和活动的需要，弥补裁剪的不足，使服装达到外形美观、穿着舒服的目的。主要熨烫设备有电熨斗、烫台、垫呢、马凳、烫包等。

系列皮装设计《丝路花雨》 范例七：工艺设计

系列皮装设计《丝路花雨》 范例八：　成衣展示

思考与练习

1.根据设计概念图，归纳、提炼出一个系列服装（不少于4个款式），绘制出效果图和款式图，并附文字说明。

2.在设计的系列服装中挑选出具有代表性的一款服装，进行纸样设计、推板练习，并制作成为服装成品。

参考书目

1.《世界杰出服装画家作品选》陈重武编译　天津人民美术出版社出版

2.《矢岛功时装画作品集》矢岛功（日）著　江西美术出版社出版

3.《时装画风格六人行》孙戈等著　中国纺织出版社出版

4.《服装设计图技法》孙戈主编　人民美术出版社出版

5.《潮流时装设计——男士时装设计开发》MCOO 时尚视觉研究中心　人民邮电出版社出版

6.《潮流时装设计——女士时装设计开发》MCOO 时尚视觉研究中心　人民邮电出版社出版

7.《20 世纪世界服装大师及品牌服饰》彭永茂　王岩编著　辽宁美术出版社出版

8. FASHION TRENDS SPORTSWEAR/STYLING

9. MAGLIERIA ITALIANA N.139

10. THE COMPLETE BOOK OF FASHION ILLLUSTRATION

11. KNIT PATTERN 07/08 A&W

12. LA PIEL INTERNATIONAL FUR&LEATHER FASHION PRINTED IN SPAIN

13. Elegance PARIS 87 PRINTED IN W.-GERMANY

14. Collection VOL.19/21 gap PRESS MEN

15. SAMSUNG FASHION TREND FOR MEN/WONMEN

16. COLLEZIONI UOMO N.52